U0873096

你不努力，没有人能给你想要的生活

李小静／编著

中国纺织出版社有限公司

内 容 提 要

每个人都渴望获得成功的人生，但是成功从来不是一蹴而就的。有的时候，我们越是渴望成功的到来，成功越是和我们“躲猫猫”。然而，不管怎样，我们总要给这个世界留下一些印记证明我们真的来过。

本书以心理学为基础，针对年轻人在成长过程中有可能遭遇的各种困惑和无助状态，有的放矢地鼓舞和激励年轻人不管得到生命怎样的馈赠，都要足够坚强地面对人生，才能在人生之中更加从容。

图书在版编目（CIP）数据

你不努力，没有人能给你想要的生活／李小静编著．--北京：中国纺织出版社有限公司，2019.11（2022.4重印）

ISBN 978-7-5180-6657-5

Ⅰ.①你… Ⅱ.①李… Ⅲ.①成功心理—通俗读物 Ⅳ.①B848.4-49

中国版本图书馆CIP数据核字（2019）第201167号

责任编辑：王 慧　　特约编辑：王佳新

责任校对：寇晨晨　　责任印制：储志伟

中国纺织出版社有限公司出版发行

地址：北京市朝阳区百子湾东里A407号楼　邮政编码：100124

销售电话：010—67004422　传真：010—87155801

http://www.c-textilep.com

中国纺织出版社天猫旗舰店

官方微博http://weibo.com/2119887771

北京市金木堂数码科技有限公司印刷　　各地新华书店经销

2019年11月第1版　　　　2022年4月第3次印刷

开本：880×1230　1/32　印张：6.5

字数：128千字　定价：39.80元

前言

在这个世界上，没有人的人生会一帆风顺。大多数人都会饱经磨难，甚至会遭遇各种挫折和坎坷。伟大的拿破仑也曾经说过，每个人都是从苦难中成长，才会变得强大。的确，苦难是人生的学校，也是人生要想成长必不可少的肥沃土壤。在现实生活中，一个人如果总是在安逸的环境中生活，从来不接受风雨的洗礼，那么他的生命力就会越来越弱，就像温室里的花朵一样，只能躲藏在温室里，而不能勇敢地经风历雨，也不可能不断地发展壮大。在人生成长的道路上，一个人唯有不断地接受磨难，勇敢地面对人生的各种困境并迎难而上，吃足苦头，才会在这样的过程中不断地成长起来，变成真正的人生强者。

人生不会是蜜里调油，反而像是一颗话梅糖。剥开精致的糖纸去吃，会发现话梅糖是酸涩的，带有一点点的苦味，只有坚持吃下去，把表层的苦涩酸味吃完，才能露出内在的甜蜜来。我们不如就把外层的苦涩和酸味当成是人生的种种磨难和考验。常言道，笑到最后的人才笑得最好，对于人生而言也是如此，只有熬过困难，坚持到最后的人，才能在成长的过程中有更丰富的收获和更充实的经历。

面对人生，我们有的时候会感到很无力，因为对于那些想要改变的一切，我们都无法做到改变，而只能被迫接受。其实，学会接纳自己，接纳这个世界，也是人生的必修课。人生中很多突如其来的打击和磨难固然让我们感到焦虑不安，甚至陷入绝望之中，但是我们要学会调整自己的心态，这样才能让自己的心中始终充满希望和光芒。记住，最让人恐惧的不是一切外部的事物和因素，而是恐惧本身。人之所以会陷入绝望之中，是因为人的内心太绝望。面对这样的人生困境，我们最该做的是打破这个困境，突破心底的囚牢，这样才能放飞自己，让自己获得更加自由自在的成长。

不可否认的是，每个人都梦想着能够一蹴而就获得成功，也希望自己的未来充满美好。然而，人生从来不是简单的加减法，有的时候哪怕付出了很多努力却未必能够获得成功，有的时候明明成功已经到来，我们却又与成功失之交臂。这样的阴差阳错让人生总是陷入困顿之中，也总是感到无奈，令人惋惜。然而，真正的强者不会被小小的挫折和磨难就打败，相反，他们有着越挫越勇的意志，也有着坚定不移的必胜信念。

一个人只有足够优秀，才能与人生最美的际遇相逢。一个人只有笃定地做自己，才能勇敢面对这瞬息万变的外部世界。记住，不管你渴望怎样的成长，也不管你对于人生的理想和梦想是什么，你都要坚定不移地做自己。只有你自己，才是这个世界上最独一无二的存在，才是你自己在生命历程中最不可错过的风景。活成你自己，你就获得了最大的成功，你的人生才真正有意义！

编著者

2019年6月

目 录

第01章

生活有缝隙，阳光才照得进来

当重重的压力和密不透风的绝望把生活如同箍铁桶一样箍起来，到底选择怎样的方式经营好人生，怎样让阳光从缝隙中投射进来，这是一个技术问题，也是一个艺术问题。在现实生活中，每个人都无法做到真正地随心所欲，唯有在年华的流淌中学会让生活透光，学会让阳光照射进来，这样人生才是有希望的，未来也才有可能璀璨绚烂。

做好你想做的事情

心中突然回想起熟悉的旋律——“任时光匆匆飞逝，我只在乎你……”这句歌词一直以来被当作对于爱人的告白，而实际上，这句歌词也可以作为对于爱好、兴趣、人生执着去做的事情的告白。如今的时代里，整个社会都越来越浮躁，更多人都会沉浸在对于功名利禄的盲目追求中，根本无法静下心来倾听自己内心的声音。渐渐地，我们每个人都难以避免地迷失了自我，沉浮在人生的无边黑海之中。

有人说兴趣是最好的老师，是因为当人们做自己感兴趣的事的时候，才能全力以赴，也才能坚定不移。哪怕遭遇很多的困境和障碍，也可以做到不放弃。遗憾的是，当生活逼得人不得不妥协时，很多人都不能一如既往地坚持做喜欢的事情，而不得不向着残酷的现实低头，或者做自己本专业的事情，这还不是最糟糕的。最糟糕的是，有相当一部分年轻人都不得不做非本专业、自己也不喜欢的事情。这样一来，他们还如何能够坚定不移地做自己，又如何能把那些本身就有难度又缺乏兴趣支撑的事情做好呢？可想而知，结果往往不尽如人意。

任何时候，我们都不要对人生失去理想和志趣。否则，人生就会陷入各种困顿之中，未来也会因为不够理想的现状而变得黯然失色。在这个世界上，每个人都是贪婪的，都有很多的事情想去，也必须去做。尽管人生漫长，但每个人可以主宰和掌控的时间与精力实在太少了。正因为如此，人们才会说理想是丰满的，现实是骨感的，也可以说理想是浪漫的，而现实则是残酷的。

当我们还是一个小男孩或者是小女孩的时候，在春天轻柔的风里，在夏天绚烂的炎热里，在秋天丰收的喜悦里，在冬天飘雪的纯洁里，我们一定对于人生有着无穷的幻想，甚至不知道天高地厚，也不知道人生几何。那时候的人生，总是轻飘飘的，那时候的我们，就像是真正的天使一样生活在天空高处，九霄之外。然而，随着时间的流淌，我们的翅膀越来越沉重，再也飞不动了，只能降落凡间，不得不接受生活的琐碎和残酷的现实。在漫长的一生之中，我们一定会有一个伟大的时刻，在这个时刻里，我们不知道要如何坦然地面对，但是却能够依靠着生命的直觉去感悟。任何时候，都不要忘记这样的时刻，它使我们的人生变得更加纯粹，也让我们的未来变得值得期待。

有的时候，我们也会在某一个特殊的时刻里，觉得自己正在经历着的一切似曾相识，甚至一种强烈的熟悉感也会扑面而来：就是在这里，就是这些人，就是这样的情形，我们不知道是在梦里还是在前世，一定真正亲身经历过。这种时空倒错的感觉，让我们意识到生命原本就是这么神奇，每一次轮回都会遇到奇怪的缘分。这样的缘分不仅仅局限于人与人之间，也产生于事情与事情之间。正是因为如此，我们与未来之间才变得这么贴近，似乎一切都是命中注定好的。

当你遇到自己喜欢的人，一定不要随随便便就放手，要知道爱情的缘分是可遇而不可求的。当你知道自己喜欢做什么事情时，也千万要坚定不移地做下去，因为选对了做的事情，才能距离成功越来越近。否则，穷尽一生都在为自己讨厌甚至反感的事情忙碌，可想而知这样的人生是不值得珍惜的。任何时候，我们都要坚定不移，坚持不懈，才能在人生的道路上始终努力奋进；任何时候，我们都要看清楚自己的内心，坚持自己真正想做的事情，哪怕遭遇坎坷挫折也不放弃，才能距离自己梦想中的人生越来越近；任何时候，我们都要非常努力，不忘初心，方得始终。

在瞬息万变的世界，梦想永恒

人生瞬息万变，梦想永恒不变。也许，要想在这个急速飞驰的时代里保持自己的本心，坚持自己的本来面目，最好的做法不是跟随着形式去改变，而是要笃定自己的内心，以不变应万变。那么，人生中不变的是什么呢？说到这里，相信一定有人心中想起飞驰的列车。列车急速地向前，车窗外的景色疾驰而过，让坐在车里的人根本看不清楚。人生，也正是在这样急速奔跑的背景下成长，要想获得生命更多的奖赏和馈赠，我们就必须坐在这辆列车上，直到到达终点。人生中，这辆列车到底是什么呢？就是梦想。

记得曾经看过一部电影，在影片里，世界到达了极致的寒冷状态，只有一辆列车带着无数的人在疾驰。窗外，是冰天雪地，是冰山、冰川和无边无际的寒冷。人根本无法在这样的极寒状态下生存，因此只能留在列车上。然而，列车上也是一个小小的时代和社会，人被分为不同的等级，导致很快在拥挤狭仄的状态下发生矛盾和冲突。最终，列车即将被摧毁。记得在影片的末尾，一个人真的来到了冰天雪地，寒冷超出他的想象，但是他还是呼吸着清冽的空气，因为他的心中有着伟大的梦想。

这是一个唯物主义的世界，任何时候，我们都没有办法凭着自己的心去改变外部的世界，而只能接受那些不能改变的，这样才能让自己活得更加从容。尽管我们要接纳外部的环境，也被外在的世界改变，但不要因此而失去了自己笃定的心。在金庸的笔下，在武术的至高境界里，那些真正的武林高手或者以无形之招致胜，或者以不变应万变。在人生之中，我们也要采取以不变的梦想应对外界始终都在变化的环境的方式，从容地战胜自己，笃定内心。记住，人生不可重来，任何时候，生命对于每个人都只有一次机会，时光也从来不会倒转和逆流。只有把握住生命中绝佳的机会，我们才能持续成长，努力地进步。记住，时光不老，我们不散，每个人都与梦想有这样的约定，人生才会在梦想的照射下变得璀璨。

摩西奶奶出生在美国纽约州的一个偏僻农村，父亲是农民，家境算不上殷实，倒也还不错。为此，摩西奶奶很幸运地得到了入学的机会，在学校里接受了几年的系统学习和教育。从那时起，摩西奶奶就很喜欢看书，而且很想拥有带几面书墙的一间书房。沉浸在书的海洋里，的确是一件让人心旷神怡且充满喜悦的事情，为此，摩西奶奶的梦想也是很多人的梦想。

后来，摩西奶奶开始做工，也按部就班地结婚生子。她是一个随遇而安的人，相夫教子，过得很幸福。但是她并没有失去对于生活的渴望，常常在闲暇的午后时光里幻想着自己有朝一日变成公主。她的梦想总是丰富多彩，尽管从未真正地实现过，却为她的人生增色不少。摩西奶奶很清楚，这些梦想对于她的重要性，也很想全力以赴做好自己该做的事情，绽放梦想。直到有一天，年逾古稀的她因为关节炎而无法继续刺绣，因而萌生出把梦想画下来的冲动。她不是一个真正的画家，她的画笔无拘无束。就这样随着心开始画画，她的画作越来越好，让人不由得啧啧赞叹。摩西奶奶以这样的方式实现了自己的梦想，在画作中，她有美丽的长裙，也有漂亮的服饰，还可以画出自己梦想中如同童话宫殿一样的房子。以这样的方式坚持梦想，让摩西奶奶获得了伟大的成功，她不但成为了让世界都为之感动的画家，而且还举办了画展，在绘画的道路上越走越远。

如果你曾经看过摩西奶奶的画，你会很难相信这样美好的画作居然出自于一个七十多岁的老奶奶之手。在这个画作里，你会看到一颗少女之心，也会看到无拘无束的构图和绚烂的色彩。与其说摩西奶奶在画世界上的万事万物，不如说摩西奶奶在画自己的内心。她的画笔完全跟随她心中的意念在前行，就像神来之笔一样，那么自由地在画纸上穿行。

现实生活中，很多人都在追寻生命的意义，也在扣问自己的内心：“我到底想要怎样的人生？我到底想成为怎样的自己？”这样的人生，从来不曾远离我们的命运，这样的未来，也从来不会遗弃我们的努力。任何时候，我们都要怀抱着梦想，坚持着梦想，砥砺前行，也要在人生奋进的道路上积极地努力，持续地进步，唯有如此，才能活出独属于自己的精彩，才能让人生熠熠生辉。

找到自己的长处就努力去发展

古人云：做人要有自知之明。的确，在生命的历程中，知道自己是谁，知道自己有哪些优点和缺点，有哪些不足和短处，是一种幸运。大多数人在生命的历程中都浑浑噩噩，根本不知道如何面对自己的人生，也不知道如何成就优秀的自己，为此他们穷尽一生去努力，付出了很多，却不能见到任何效果。有些人更加悲惨，因为确定了错误的方向，导致事实与自己的期望南辕北辙，也就是使那些原本有助于成功的很多因素都成为了不利因素，反而使得事情朝着相反的方向去发展。

曾经有一只木桶，它的大多数板材都很长，但是唯独有一块板材特别短。正是这块特别短的板材，导致这只木桶只能容纳很少的水，而不能让蓄水量到达长板的高度。正是在这样的情况下，有人提出要弥补这个木桶的短板，这样才能让木桶变得容量更大。果然，在补足短板之后，木桶的容量变大了。为此，心理学家提出了木桶理论，意思是说一只木桶的容量并非取决于它最长的那块板材，而是取决于它最短的那块板材。从而，也衍生出一个理论，即每个人都要弥补自己的短处和弱势，才能获得更好的成长和发展。然而，人和木桶是不同的。人人都有短处，如果总是把时间和精力都用于弥补短处，而忽略了对于长处和优势的发挥，那么人能得到提升吗？答案是不能。这是因为弥补短处只能让自己变得和大多数人都相同，而不能让一个人出类拔萃，优秀杰出。由此可见，人和木桶是不同的，在某一种缺点和不足不会影响人正常发展的情况下，没有必要过度纠缠于缺点和不足，而是应该更加全力以赴做好该做的事情，如此才能有所成长和发展。

现代社会竞争非常激烈，每个人要想从社会生活中脱颖而出，就必须非常努力和勤奋，也要全力以赴发展自己。如果说几十年前，大学学历还可以作为找工作的资本，那么如今的大学学历只能是敲门砖，而无法起到更多的作用。很多用人单位都更加务实，他们宁愿找一个学历不是很高，但是能力比较强的人，也不愿意找一个高学历但是能力不足的人才。所以如今的求职市场上，很多人都拿着学历四处找工作，不但本科生一抓一大把，就连研究生都一抓一大把。然而，企业却总是在抱怨招聘不到好的人才，而所谓的人才也拿着学历抱怨自己找不到好工作。这样的情况是很让人奇怪的，也会给人生带来很多的困扰和无奈。

要想在社会中为自己赢得一席之地，要想在成长过程中让自己变得更加强大，我们就要努力提升自己，才能有的放矢地面对职业竞争。在职业发展之中，有一个概念叫做核心竞争力。毋庸置疑，只有拥有核心竞争力的人，才能够在竞争中脱颖而出，才能在成长过程中发展自己，最终让自己成为真正的人生强者。那么，何为核心竞争力呢？所谓核心竞争力，首先是真才实学，是真正的能力。此外，核心竞争力还有一个特点，就是这样的能力是独有的，不能说举世独有，至少是在现实生活的人际圈子里是很少见的。这样一来，拥有核心竞争力的人才能从周围的人群中脱颖而出，才会凭着真实的能力和水平变得不可取代，出类拔萃。

那么，核心竞争力从何而来呢？核心竞争力发展的基础就是长处和优势。当然，这里并不是说一个人的劣势和不足绝对不可能转化为核心竞争力，而是我们要讲究方式方法，要在脚踏实地追求成功的同时，尽量选择更有效率的方式去靠近和实现成功。如果说发展长处为核心竞争力是捷径，那么发展短处为核心竞争力则是舍近求远。作为一个明智的人，人生中有那么多的梦想要去实现，也有那么多有意义的事情等着我们去做，我们当然不能舍近求远，而是要尽量找到最有效、最高效的方式努力去做，这才是最重要的。

人生是没有捷径的，不管做什么事情都要脚踏实地、一步一个脚印地向前。然而，人生也是有捷径的，这样的捷径不是舍近求远，而是要在深入认知和了解自身条件的基础上，发挥自己的优势，避开自己的劣势，从而更加高效率地发展自己，获得成功。就像年轻人在决定从事哪一个行业或者做什么工作的时候，也要选择自己感兴趣或者擅长的行业，这样才能够拥有充足的动力，获得长久的发展。如果非要和自己较劲，非要和人生较劲，就会导致所做的工作是自己不喜欢的，未来的成长也会面临很多的困境和障碍。记住，只有发现自己的优势，才能经营自己的长处，每个人不但要知道自己的缺点和不足，更要知道自己的优势和长处，这样才能有的放矢地发展自我，成就自我。

梦想要远大也要切实

说起梦想，很多人都会想起马云曾经说过的那句话：梦想总还是要有的，万一实现了呢？也有人会想起另外一句话——被嘲笑的梦想才是真的梦想。不得不说，这样的话固然可以鼓励没有梦想的人勇敢地树立梦想，追求梦想，但是也会导致人们陷入一个误区，那就是觉得梦想越是脚不着地、虚无缥缈，就越好。实际上，梦想既要远大，也要切实。

梦想是人生的领航灯，远大的梦想让人们在成长过程中有目标可以追求，有未来可以憧憬。但是当梦想过于远大的时候，也会有一个弊端，那就是让人们觉得自己不管再怎么努力都无法实现梦想，最终他们的选择就是放弃梦想，再也不愿意和梦想一起携手并肩而行。正所谓凡事皆有度，过度犹不及，因此我们在确立远大梦想的同时，要坚定不移地走好属于自己的人生之路，也要以自己的实际情况和人生的状况作为出发点，让梦想在带有仙气的同时带有烟火的气息，带有脚踏实地的气质。这样的梦想，才会更加接地气，也才会更加让人怦然心动。任何时候，都不要觉得梦想是无所谓的，怀有这种态度的人，往往对于梦想有着误解。实际上，只有在人生的道路上坚持实现梦想，持续地为梦想注入动力，才有可能距离梦想越来越近。

记住，梦想从来不是梦，更不止是想象。每一个认真执着的人，在面对梦想的时候，都会怀着认真的态度。常言道，世间事，就怕认真二字。因此，我们要非常认真地对待梦想，也要慎重而又理性地坚持梦想。唯有如此，我们才能在人生的道路上砥砺前行，才能距离梦想越来越近。人生从来不是随随便便就能获得成功的，很多时候，我们看着别人的光鲜亮丽，误以为别人的成功都是轻轻松松就获得的。殊不知，成功的人固然人前光鲜亮丽，或者是在成功的那一刻光环加深，但实际上在漫长的时间里，他们都曾经持之以恒地努力和坚持不懈地付出。正是因为对于梦想有着这样的态度和坚持，他们才能不忘初心，砥砺前行，才能在实现梦想的道路上始终做好自己该做的事情，绝不懈怠，绝不放弃。

马云还说过，梦想的道路一旦确定，跪着也要走完。不得不说，马云之所以能够拥有现在的成就，就是因为他的努力进取，就是因为他的坚持不懈，就是因为他的绝不屈服。每一个人的人生道路都是很难走的，更何况是实现梦想的道路呢？在确立梦想之初，我们就要知道实现梦想必然是艰难的过程，也要做好艰苦付出的准备。

在一次突如其来的洪水中，有一家三口同时被无情的洪水冲走，在紧急情况下，丈夫把手伸向身边的妻子，带着妻子游到岸边，然后，男人折返回去寻找孩子，孩子却已经被洪水冲到更远的地方，根本找不到了。为此，男人受到了很多人的质疑：当妻子和孩子一起跌入水中，到底应该先救谁？也因为别人的不理解，男人承受了很大的压力。

有一位记者来采访男人，问他在当时为何选择先救妻子，男人很坦诚地告诉记者："我始终沉浸在失去儿子的痛苦之中无法自拔，我也很希望能把儿子救回来，但是在当时情况紧急，我根本没有时间去做更多的思考和选择。妻子就在我的手边上，她在水里沉沉浮浮，眼看着就要被淹死，我不假思索就向着妻子伸出手，带着她游到岸边。如果我当时略微迟疑，游到更远的地方救儿子，那么也许妻子和儿子都会失去生命。"听了男人的回答，记者恍然大悟。原来在男人心中，根本没有所谓的取舍，只有当时本能的反应。

实际上，人生之中，我们常常也会面临急迫的选择。越是时间紧急，越是没有时间去思考和决定，反而要更多地遵循本能。所以即使梦想再远大，我们也要脚踏实地，而不要为了所谓远大的梦想就忽略了现实，蒙蔽了眼睛和心灵。记住，不管是多么小的事情，要想做好，获得成功，我们就要脚踏实地去做，去努力，这样才能积累点点滴滴的付出，最终由量变而引起质变，成就自我，成全人生。

做人，固然要有着远大的梦想和志向，但也不要忘记脚踏实地，砥砺前行。如果梦想像热气球一样高高地漂浮在天空中，不愿意降落下来，最终就会不知所踪，根本无法对于我们的人生起到积极有效的作用。梦想之所以重要，是因为梦想能给人生指明方向，确立目标。因此，我们可以把梦想当成是风筝，但不要把梦想当成是热气球放飞。正所谓不忘初心，砥砺前行，唯有更加全力以赴地面对和经营人生，我们才能在成长的过程中更加坚定，更加沉稳。记住，天上不会掉馅饼，人生也没有一蹴而就的成功，任何时候，接近梦想的唯一方式就是以勤奋作为阶梯，不断地努力向上，绝不放弃地攀升。

野心和激情能够燃烧生命

曾经有个年轻人非常贫穷，为了改变自己的命运，他付出了很多努力，最后终于成为一个大富翁，创造出自己光鲜亮丽、功成名就的一生。转眼之间，年轻人已经老了，他成为了一个白发苍苍的老者。在得知自己身患绝症、生命即将走向尽头之后，老者决定给这个世界留下一个谜语，并且设立了巨额奖金，奖励给能够猜中谜底的有缘人。谜语很简单，只有一个问句："在这个世界上，和富人相比，穷人最缺少什么？"在老者去世之后，律师按照老者的委托在报纸上公开征集答案，也宣布了猜中谜底者将会获得巨额奖金。

很快，信件就如同雪片一样纷至沓来，人们给出了各种各样的答案，诸如机遇、运气、贵人、财富等，这些答案千奇百怪，各有各的理由。后来，在到达一定时间之后，律师和公证处的人按照老者的遗嘱，向公众公开了答案。原来，答案是——野心。在这么多来信的人之中，只有一个小女孩的答案是正确的，因此，小女孩得到了巨额奖金。有记者询问小女孩："你是怎么知道野心的呢？"小女孩说："每次姐姐带着她的男朋友回家来的时候，当看到我在看着他们，姐姐都会恶狠狠地对我说：'你可不要有野心'，因此，我就觉得野心是一件非常可怕的东西，有野心也是一件非常可怕的事情。"原来，小女孩是这样知道野心这个词语的，但是却与富翁的答案不谋而合。

很多人都误以为野心是个贬义词，实际上，野心从来不是贬义词，而是一个中性词语。因此，野心到底是好还是坏，并不取决于野心本身，而是取决于怀有野心的人是个怎样的人。伟大的拿破仑曾经说过，不想当将军的士兵不是好士兵，这也告诉我们，一个士兵固然要做好本职的工作，却也要有野心，才能激励自己的人生不断进取和发展，也激发出所有人生的潜能奔向伟大的野心目标。当然，除了野心之外，还需要富有激情，才能够激励我们不断地在实现野心的道路上努力奋进。这样一来，野心才能照进现实，让人生璀璨发光。

1999年，大多数人都还不知道阿里巴巴为何物，甚至对于网络也没有那么熟悉，马云就曾经立下豪言壮志："我们的公司要做80年，我们的网站要进入全球前10名。"其实马云决定做网络生意的时候，同伴们就都很不看好，也不能够理解，但是他们对于马云非常忠诚，也很信任，为此他们全都选择相信并且全力以赴地支持马云。

就在1999年，蔡崇信到阿里巴巴考察。马云满怀激情地向着蔡崇信介绍自己的公司和网站。在当时，蔡崇信任职于著名的投资公司，每年的年薪是75万美元。可以说，蔡崇信不但有阅历，也有实力。正是这样一个人，居然在马云的劝说之下决定辞掉年薪75万美元的工作，当即决定要加盟阿里巴巴。那么，阿里巴巴给蔡崇信的薪水是多少呢？看到这里，你一定以为马云给了蔡崇信比此前年薪更高的薪水，才能打动蔡崇信，然而事实并非如此。马云给蔡崇信开出的薪水是500元。看到这里，相信每个人都会惊讶地张大嘴巴感到难以置信：这个出身投行的成功人士难道脑袋短路了吗？居然做出这样疯狂的决定。其实，不是蔡崇信疯狂了，而是马云在激情的驱使下变得疯狂了。后来，马云也正是凭着激情，才争取到了软银集团董事长两千万元的投资，而马云获得这笔投资只用了六分钟和对方沟通。

不得不说，激情是一种非常伟大的力量，可以让人在短时间之内就被激情燃烧。即使是面对难以解决的难题，如果能够得到他人充满激情的阐述，得到他人的承诺，那么就可以让人相信一定能够解决问题。激情不但可以燃烧别人，更是会燃烧自己，所以一个富有激情的人往往是非常自信的，他们相信自信的力量，也坚信人定胜天，办法总比困难多。面对同样的问题，有激情的人能够勇敢地解决问题，而没有激情的人却只会在困难面前缴械投降，也会导致人生陷入更深的困境之中。

要想拥有野心和激情，我们就要树立梦想，只有远大的梦想和志向，才能支撑着我们富有野心，才能让我们满怀激情。其次，我们还要注意方法。很多时候，如果用力过猛，就会导致我们虽然付出了很多的努力，却只赚取个拼命的结果，而对于事情实际的解决并没有切实的帮助，甚至还会因为方向错误而导致结果南辕北辙。所以努力之前，一定要保证方向正确，这样才能够更加全力以赴地奔地向成功。最后，凡事都要做到可持续性发展，要想让野心和激情也能够长久地激励我们，就要保持平常心，不要对结果有过高的期望。任何时候，我们都要全力以赴面对未来，既要争取一切的机会和成功的可能性，也要做好自己该做的事情，绝不因为野心和激情就迷失自己，当最糟糕的结果出现时也能够坦然面对，这才是最重要的。

需要注意的是，野心和激情都要适度。所谓凡事皆有度，过度犹不及，如果野心太大，激情太盛，就会导致人生陷入困境，无法自拔，很多事情反而会变得更加糟糕。总而言之，在激情燃烧的人生里，要跳脱出努力的怪圈，从而让人生做到“可持续发展”，也让人生获得更多的收获和更大的成功。

不管何时，都要努力开始

如果你用心寻找，就会在家里发现一个老物件，这个老物件是你的祖父祖母的，或者是他们传给你的父母的。总而言之，这个老物件的年纪一定比你更大，这个老物件的身上会泛出独特的光泽，看起来似乎饱经岁月的沉淀，而且拥有独特的韵味。时光流转，在老物件身上留下了深深浅浅的印记，然而，这些印记不曾使得老物件变得老朽，反而赋于了老物件独特的魅力。在时光的缓缓流淌中，老物件依然存在，而且还将继续存在下去。有的时候，你盯着老物件看，会恍惚觉得自己看到了时光机，甚至会从老物件的各种痕迹之中，觉得自己回到了曾经。

有的人很相信命运，觉得人生是可以流转的，也存在着轮回。但是有的人却不相信命运，他们更加倾向于认为人生只存在此时此刻的光影之中。然而，不管如何，人生总是这样缓慢地流淌向前，也总是这样的不急不躁。但是当你感慨生命中的青春一去不返的时候，你就会意识到时光匆匆而过，人生中最曼妙的时候真的已经回不来了。如果你真的这么介意自己是否青春正好，你一定会很痛苦，因为短暂的青春时光很容易逝去，如果你始终活在对于过去的无限缅怀之中，如何还能有的放矢地把握现在、活在当下呢？

对于人生而言，每一个阶段都有每一个阶段的美好。在幼年时期，孩子们无忧无虑，飞速地成长，学会了人生的各种技能，变得越来越强大。在少年阶段，少年开始初尝愁滋味，为此经常感到烦恼，然而正是在这样的过程中，他们渐渐长大。人到中年，上有老下有小，开始感受到生命更加沉重的压力，在拼搏奋斗和不懈进取的过程中，生命也渐渐变得丰盈。任何时候，都不要感慨生命易逝，只要你非常坚持和努力，只要你什么时候都决不放弃，你一定会获得更多的成长，获得更多的成就。

人生，何时开始都不晚，尤其是对于那些努力奋进的人而言，就更要抓住人生中的很多机会，才能更加绚烂绽放。记住，每时每刻都是人生的好时候，重要的是你要全力以赴去抓住机会，拼尽全力用双手去创造生活。每个人都是自己的上帝，都是自己人生唯一的主宰。任何时候，都不要把命运的坎坷挫折归咎于命运，而是要更加全力以赴做好自己该做的事情，既不得意忘形，也不盲目乐观，坚定不移地在人生的道路上勇往直前，拼尽全力做好自己该做的事情，才能不忘初心，砥砺前行，才能无畏无惧，进入人生的更高境界。

人生到底是漫长还是短暂，其实取决于每个人对待人生不同的态度。有的人对待人生很认真，争分夺秒充实地度过人生，因此觉得人生如同白驹过隙，转瞬即逝。也有的人对待人生总是浑浑噩噩，不愿意努力拼搏和奋斗，最终会觉得人生有很多的不可预知的事，常常会在人生中陷入被动，也就觉得人生是缓慢流淌的。还有的人在人生之中始终带着焦虑的状态，不知不觉间就把人生当成了一场煎熬，也把人生当成了对自己的折磨和考验。在这样的消极心态和被动状态下，人生自然会变得越来越被动，也会因此而变得难熬。正如一句网红语所说的，既然哭着也是一天，笑着也是一天，为何不能笑着度过每一天呢？消极的人穷尽一生悲悲戚戚，积极的人在人生的每一天之中都绽放笑容，积极地度过。

不可否认的是，每个人都渴望自己的人生充实精彩、风生水起，然而，对于人生而言，理想总是丰满的，现实总是骨感的。尽管命运不会特别折磨或者捉弄某一个人，但是也不会给予每个人都过于顺遂如意的人生。所以在面对人生的时候，我们每个人都要怀有笃定的内心，都要坚定不移，唯有勇敢地面对人生的一切境遇，从容地赢得人生的更多机会，我们才能真正把握住人生，成为人生的主宰和命运的掌舵者。

人生何时开始都不算晚，要想在人生之中获得更多的收获，就要笃定内心，始终知道自己想要成为怎样的人，拥有怎样的人生。想好了就去做，人生从来不晚。有很多老人退休之后才去读大学，这就是人生开始的表现。偏偏有很多年轻人动辄就说自己已经老了，也以此为理由而拒绝进步，拒绝成长，拒绝努力，不得不说，世界上最可怕的事情就是觉得自己已经老了，再开始任何事情都晚了。人的年龄分为两种，一种是生理年龄，一种是心理年龄。我们没有办法阻止时光流转，因此是不能决定生理年龄的，但是每个人都可以保持年轻的心态，拥有一颗青春永驻的心。细心的朋友们会发现，在现实生活中，有些人显得非常老迈，这是因为他们虽然年纪不大，但是内心却很苍老。也有一些人尽管已经非常老迈，但是他们的心态年轻，因此容貌看起来也容光焕发。记得在一期综艺娱乐节目中，有一个九十多岁的老人上台献唱。老人的心态很好，看起来比实际年龄年轻得多，而且听力、视力都非常清楚，与大家沟通也都完全没有问题。不得不说，正是好心态让她如此年轻，也让她可以在九十多岁时，还有勇气走上舞台，炫出歌声。我们都应该学习这位老人，也要始终在人生的历程中舞动青春，轻舞飞扬！

第02章

你必须精力饱满，才经得住世事刁难

人生不如意十之八九，在人生的道路上，没有人能够一帆风顺，顺遂如意，所以就要把不如意当成人生的常态，而不要总是因为不如意就对人生失去信心，也不要因为遇到小小的坎坷和挫折就对人生感到失望沮丧。任何时候，我们都要更加全力以赴地经营好人生，不忘初心，砥砺前行，也要发展壮大自己，以顽强的意志力和充足的精力，去面对世事的刁难。

改变自己，才能改变世界

在英国圣保罗教堂的地下室里，长眠着一位大主教。这位大主教的墓碑上刻着含义隽永的一段话，大概的意思是说人只有改变自己，才能改变世界。曾经年少不更事，很多人都梦想着改变世界，恨不得大刀阔斧，马上就让世界变一个模样。等到渐渐长大，才知道改变世界并没有那么容易，因而立志于改变国家。然而，等到中年才幡然醒悟，改变国家也不是那么容易做到的，因此到了人生暮年，才要改变家人。然而，直到生命即将逝去，才发现，没有人愿意接受改变，与其盲目地寄希望于改变外部的环境、人和事情，不如调整好心态，从而全力以赴地改变自己。只有自己积极地改变，才能给身边的人带来影响，也才能潜移默化改变身边的人，这是最重要的。也许早点改变了自己，还可以成功而又从容地影响他人，甚至真的改变世界呢！

现实生活中，很多人都对外部的环境感到不满意，与其不停地抱怨，不如地调整好心态，端正对于人生的态度，真正地从改变自己开始做起，才能最大限度地发挥人生的影响力。然而，一旦提起改变自己，很多人就会感到困惑：自己真的是可以改变的吗？当然很难。因此，他们在自我提问之后就改变了思路，不愿意继续与自己为敌，而是决定要把更多的时间和精力用在别人身上，用于改变他人。不得不说，这么做犯了根本性的错误，不但不利于解决问题，还有可能导致一切变得更加糟糕和无奈。

相比起改变世界来，改变自己当然更加容易，毕竟这个世界不是唯心的，而是唯物的。而对于自己而言，虽然改变很难，但却是可以自己把握和掌控的。正如人们常说的那样，心若改变，世界也随之改变。所以当我们改变了自己的心，眼中的世界也会随之发生改变，这样一来，我们对待世界和经营生活的方式也就会发生改变。

在古代一个很小的国家里，人们一直都习惯于赤着脚走路。然而，有的时候走到坎坷崎岖的道路上，脚底板就会被尖锐的石头划破，也会非常疼痛。但是，当时还没有鞋子存在，因此大家都只能忍耐着。

有一次，国王微服私访，来到了皇宫以外的地方。在皇宫里，道路非常平坦，而且也很干净，路面上还铺着柔软的牛皮，因此尽管国王赤着脚走路，却从未感到难受。但是，来到皇宫之外，国王的脚被高高低低而且有着很多小石子的道路硌得生疼，为此国王勃然大怒，回到皇宫之后当即下了一个命令：用牛皮铺满所有的道路。大臣接到国王的命令不由得感到为难：全国的道路那么多，就算把所有的牛都杀死，也不可能把道路铺满。但是，国王既然已经生气了，而且下达了这样的命令，又不能不解决问题，否则就要掉脑袋，这可怎么办呢？有个大臣思来想去，提出一个建议：与其用牛皮把道路铺起来，为何不用牛皮把脚包裹起来呢？这个建议一经提出，就得到了大家的一致认可，因此大臣斗胆向着国王提出这个建议，国王也认为这个建议非常好，而且切实可行。就这样，人们渐渐地习惯于用牛皮来包裹双脚走路，这样一来，脚底再也不会感到痛了。后来，包裹双脚的牛皮经过不断地发展和改进，渐渐演变成皮鞋的雏形。

的确，要想用牛皮铺满全国是不可能的，既然客观外在无法有效地改变，我们为何不能改变自己呢？一则改变自己更加切实可行；二则自己是独立的生命个体，因此改变自己也可以卓有成效；三则，改变自己还可以自己掌控进度，把握力度。总而言之，对于每个人而言，当无法改变环境时，不要沮丧，不要抱怨，而应该积极地改变自己，这样才能成就更加强大的自己。

当天上刮起大风的时候，扎根很深的大树都有可能被连根拔起，而那些随风摇曳的芦苇，却因为随着风不断地摇摆，而能够在大风之中保存下来。这是因为芦苇很懂得示弱的道理，也能够顺应形势来改变自己。为人处世，既要做到刚强，宁为玉碎不为瓦全，也要深谙留得青山在不怕没柴烧的道理，从而才能顺势而为，不与自己和整个世界较劲。只有做到最好，我们的人生才能坦荡从容，也只有做到最好，我们的未来才会更加美好。

好钢用在刀刃上

常言道，好钢用在刀刃上。这句话告诉我们，要把最好的东西发挥最大的效用，这样才能够凸显这个东西的价值，也才能让这个东西的作用最大化。众所周知，对于一把刀而言，刀刃是使用最为频繁且吃力的地方，所以哪怕不能整把刀都用精钢打造，也要把好钢用在刀刃上，这样才能够让刀刃变得更加锋利耐磨，也能够提升刀的整体质量，延长刀的使用寿命。

不仅一把刀的刀刃需要好钢，人生之中要想有所成就，做成很多事情，也是需要付出大量的时间和精力的。然而，人生虽然是一场未知的旅程，也没有人知道人生将会在何时戛然而止，但是人生的时间和精力却是有限的。因此，我们要想在人生之中更加努力奋进，全力以赴地获得成长，就一定要合理安排时间和精力，这样才能把事情做得更好。否则，如果在人生之中分不清楚轻重主次，总是把很多事情都荒废掉，而做了一些无关紧要的事情，则人生就会本末倒置，人生中的很多事情也会因此而变得被动，甚至根本无法完成。

遗憾的是，在现实生活中，很多朋友都把金钱等作为投入的成本，而忽略了时间的成本。他们在衡量一件事情是否可行的时候，会考察经济成本，却对时间和精力的投入完全忽略。不得不说，这样的成本计算方法是不科学的，也是不合理的。任何时候，我们都要更加全力以赴做好该做的事情，才能让人生重点突出，也才能让人生有更好的发展。否则，如果总是对于一些事情完全不放在心上，不知不觉中就把重要的事情放在了后面，而把次要的事情做在了前面，或者无形中浪费了宝贵的人生时间，导致人生紧迫，根本没有充足的时间去做更多的事情，那就得不偿失了。

在人生之中，我们一定要珍惜时间，也一定要分清楚每一件事情的轻重主次，从而给予人生正确的排序和合理的安排。当然，有很多事情正在发生的时候，作为普通人的我们站得不够高，看得不够远，因此一定会导致鼠目寸光，对于很多事情的发展缺乏预期，导致自己陷入被动的状态，也会因此而使得人生失去主动权。

每次吃黄瓜，哥哥和弟弟的吃法都截然不同。哥哥总是从黄瓜头开始吃，也就是黄瓜长花的那一头，而弟弟则总是从黄瓜的尾巴开始吃，也就是从黄瓜长蒂的那一头。因此，哥哥总是抱怨黄瓜越吃越苦，渐渐地就不爱吃黄瓜了，而弟弟则很喜欢吃黄瓜，因为他觉得黄瓜越吃越甜，清新爽口。看着哥哥和弟弟截然不同的表现，爸爸妈妈很纳闷。后来，在认真研究哥哥和弟弟吃黄瓜的吃法后，他们才恍然大悟。原来，哥哥和弟弟是因为从不同的方向开始吃黄瓜，所以才会对黄瓜有不同的感觉啊！

即使是吃黄瓜这么简单的一件事情，如果能够改变一种方法，就会取得不同的结果，更何况是在人生中分配时间和精力呢？任何时候，都不要过分逼迫自己做出很多事情，只有坚持不懈地努力向前，只有勇敢无畏地面对各种艰难困苦，才能在人生中获得杰出的成就，也才能更加全力以赴，做好该做的事情。

记住，人生就像甘蔗一样不可能两头甜，很多时候，我们必须对于人生怀着积极的态度，尽管无法改变人生的很多局面，却可以分清楚生命中很多事情的轻重主次，从而把时间和精力进行合理的分配。还记得《田忌赛马》的故事吗？除了比赛的顺序调整了之外，没有其他人顺序改变，但是结果却截然不同，这就是合理地计划和谋篇布局的能力。当你学会把大多数时间和精力都用在重要的事情上，绝不浪费一分一秒，也绝不贻误先机时，你的人生就会与众不同。

学会变通，理想很容易变现

很多时候，我们的确付出了很多的努力，也的确不遗余力争取做到最好，但我们就是不能改变自己，也无力改变世界，甚至距离梦想越来越遥远，这是为什么呢？究其原因，不是我们不够优秀，也不是我们不够美好，而是我们没有学会以变通的方式面对这个世界。不可否认，人生的道路从未非常平顺过，要想让理想变成现实，我们除了要有天时地利人和之外，还要有更强大的力量去变通。所谓随机应变、顺势而为，就是告诉我们要学会在人生之中借力，也要学会在成长的道路上调整自己。唯有坚持不懈地努力往前，才能更加执着地面对人生，也才能在需要借力的时候，更加全力以赴，勇敢无畏。

如果在走路的时候遇到死胡同，你还会坚持要从死胡同里穿行过去吗？直到碰得头破血流，也无怨无悔吗？你当然不会。那么在成长的过程中，如果遇到不可战胜和消除的阻力，你同样要学会变通，要知道有的时候把人生拐个弯，舍近求远也是捷径。只有怀着随机应变的心面对人生，只有勇敢无畏坚定不移地向前，在人生的道路上才能获得更大的成功，在未来的人生中才能成就更为璀璨的辉煌。

现代职场上，有很多年轻人做事情，总是一门心思去做，而不管结果如何，更不管自己是否取得了进步。乍看起来，他们如同勤勤恳恳的老黄牛一样勉力前行，而实际上因为不懂得方式方法，所以难免会导致事倍功半。那么作为年轻人，当看到自己在工作上没有更好的成长和更大的进步时，要努力地进行反思，要知道自己哪里做得好，哪里做得不够，哪里需要改进。唯有这样努力地改变自己，提升效率，才能在职场上有更好的表现。在漫长的人生之中，每个人都会面对很多选择，当面临人生的十字路口，向左还是向右，这是一个非常艰难的选择。只有忠于自己的内心，只有全力以赴做出选择和决定，我们才能更加笃定。

很久以前，有个人要去山对面的亲戚家里喝喜酒。他因为旅途遥远，所以早早地就出发了。然而，在翻山越岭的过程中，他遇到了一块很大的石头横亘在眼前，这块石头似乎是从山上滚落下来的，把原本就不宽的道路堵得死死的。因此，这个人就站在石头面前不停地想啊想啊："这个可恶的石头到底是从哪里来的？为什么就这样横在道路中间，为什么没有人把它搬走呢？"他这样想了很久，始终站在石头面前纹丝不动。后来，天色渐渐晚了，家里人等不到他，还以为他在亲戚家里喝喜酒喝醉了呢，就去找他。走到半路，才发现他正站在石头面前纹丝不动。

家人问他："你是喝喜酒了，还是没到呢？"他回答："这块石头挡住了我的路，我还没到呢？"家人不由得嗔怪："你怎么不绕着石头走啊？人家的喜酒早就散席了。"他说："我不想绕过去，我每次都是从这条路上走的，凭什么这次有了大石头挡住路呢！"家人无奈地摇摇头："你就这样站在这里瞪着石头，难道石头就会消失了吗？既然晚了，就不要喝喜酒了，赶快回家吧！"就这样，家人把他带回了家，他没有喝喜酒，始终郁郁寡欢。

人生的路上，说不定什么时候就会掉下来一块大石头，挡在我们的面前，我们或者从石头上爬过去，或者要绕着石头走，总而言之不能像事例中的这个人一样就这样与石头对峙，停滞不前，不但没有消除石头，反而导致人生止步不前。不得不说，这样的结果只是白白浪费了自己的生命和时间。

人生固然需要执着的精神才能做好很多事情，但是也不能执着过度，否则执着就会变成固执，就会变成不知道变通的一根筋。不管做什么事情，都有可能面临各种变化，在这个世界上的万事万物总不会一成不变。那么最重要的就是要调整好自己的心态，努力地经营好人生，这样才能在成长的道路上一往无前，也才能在进步的过程中始终坚定不移，面对未来。要记住，人生是没有回头路可走的。只有执着地向前，持续地进步，也要把心放宽，随时随地都准备好调整心态，人生才会有更大的成功可能性，也才会获得真正的成功。记住，未来不会平白而来，人生也要全力以赴，才能奔向光明。

曾经有个农民特别热爱写作，因此，他每天除了在土地里耕耘，就是伏案疾书地写作。在很多年的时间里，他都坚持给一家出版社投稿。然而，他的作品从来不符合出版社的要求，因此他也从未收到过任何回音。直到有一天，他欣喜地受到了出版社的回信，在信里，出版社的编辑言辞恳切地对他说："我为你的执着而深深感动，但是我不得不遗憾地告诉你，你的确没有写作的天赋。但是我也惊讶地发现，在数十年如一日的投稿过程中，你的字迹越来越漂亮。我认为，你或许可以走书法的道路！"在编辑的提醒下，农民这才发现自己的书写的确有了质的飞跃和进步，因此他当即从谏如流，改行练习书法。后来，他成为了大名鼎鼎的硬笔书法家，在书法行业找到了立锥之地。

有的时候，也不能绝对不放弃，因为如果坚持了错误的方向，就会导致事与愿违。在成长的过程中，我们总是要认清楚自己适合做什么，不适合做什么，唯有如此，才能更加全力以赴发展自己擅长的领域，也让自己在人生的成长之中得到命运的馈赠和丰富的收获。任何时候，都不要觉得自己必将一事无成，因为一块地总有适合它的种子存在。找到最正确的那一粒种子种下去，让它生根发芽和开花结果，这块地就会变得更加独特。

学会拒绝，珍惜时间和精力

现实生活中，有很多人都不懂得拒绝，因此他们在与人相处的过程中常常会陷入困境，不知道如何做才能保护自己的利益，并友好地拒绝他人。最终，他们勉为其难地接受了别人的请求，结果导致自己变得为难，或者因为没有能力兑现对他人的承诺，切实有效地帮助他人，反而落得他人埋怨。不得不说，这样不懂拒绝，不但没有得到感激反而落得埋怨的事情，是每个人都不想看到，也不愿意发生的。这样的相处方式，对于人际沟通也没有任何好处。作为明智的人，我们一定要学会拒绝，也要学会珍惜时间和精力，这样才能全力以赴做好自己该做的事情，才能从容不迫地经营好人生。

伟大的喜剧大师卓别林也曾经说过，一定要学会说不，这样生活才会变得更加美好。每个人在生活中都会遇到很多需要拒绝的情况，不但要鼓起勇气说不，而且要掌握拒绝的艺术和技巧，这样才能在成长的过程中不断地提升自己，也才能真正掌握与人相处的技巧和能力。要想改掉不会拒绝的坏习惯，就要弄清楚自己为何不会拒绝，这样才能有的放矢地改变自己，完善自己。

通常情况下，一个人不会拒绝，有以下几种原因：一是不好意思拒绝他人。总是把面子问题看得很重要，对于自己本来没有能力完成的事情，也要打肿脸充胖子，最终却因为不能兑现承诺而导致的问题变得更糟糕。二是过分在意他人的看法和评价。总是担心自己一旦拒绝他人，就会遭到他人的否定和批评，也会因此而给他人留下不好的印象。三是不懂得如何表达。很多人在人际沟通中都处于弱势的地位，因为他们不知道如何以语言表达自己的内心，也不知道怎样才能真正提升自己，获得成长。在了解不会拒绝的根本原因之后，我们才要更加全力以赴做好该做的事情，也要努力地提升和完善自己的表达技巧、人际相处能力，从而让自己在与他人相处的过程中学会拒绝，既保护了自己的合法利益，也委婉地达到拒绝他人的目的，从而让人生有更加美好的未来，获得长足的成长和发展。

作为公司的新进人员，小雨一直在非常努力地工作，每当其他同事有问题需要帮忙的时候，他也总是不吝惜力气。渐渐地，小雨从主动承担工作任务，到很多同事有了做不完的工作，或者因为着急下班而没有足够的时间处理好工作时，总是会把工作丢给小雨。因此，小雨几乎每天都要延迟两个小时下班，才能完成各项工作。

随着时间的流逝，小雨已经不再是新人，因此他自己也有很多工作需要完成，也经常需要加班。此时，同事们还是会把各种工作都交给小雨去完成。渐渐地，小雨陷入困境，有的时候要工作到深夜才回家。有一次，小雨因为本职工作没有完成被上司批评，他为自己辩解：“我本来是可以完成的，不过刘姐昨天着急回家，就把她的活儿给我了。她说她的活儿要得特别紧，我就先做她的活儿了。”上司不以为然：“我不管你是因为什么原因，没有完成工作就是没有完成工作。况且，刘姐的工作为何要交给你完成呢？你自己的工作都没有完成，怎么就有时间为别人完成工作呢？我看再这样下去，你连工作都保不住，更别说当活雷锋了！”在上司的一番批评之下，小雨意识到了问题的所在，他当即对上司表态：“您放心，我以后一定不会当老好人，我要学会拒绝，优先保证完成自己的工作！”然而，同事们都已经习惯了把工作交给小雨，似乎小雨的任务就是帮助他们给工作收尾，因此在被小雨拒绝之后，同事们都对小雨有很大的意见，与小雨也渐渐疏远。

假如小雨能够从一开始就坚持自己的原则和底线，绝不随随便便为别人完成工作，那么就不会像后来这样，做了挺长一段时间的老好人，却因为没有原则，而理所当然地付出，结果在想要拒绝他人的时候，反而变得非常被动，也因此而与他人交恶。不得不说，这就是付出了很多时间和精力，却没有得到应有回报的典型代表事件。不管是在生活中还是在职场上，我们一定要牢牢记住一个道理，那就是尽管不要总是区分分内和分外的工作，却也要坚持自己的原则和底线，不要让工作的界限模糊不清。否则把好事做完，又成为别人心目中的大恶人，这当然是得不偿失的。

拒绝不但是一门学问，也是一门艺术，任何时候，我们都要学会拒绝他人，才能让人际关系更加和谐美好。当然，在拒绝他人的时候一定要讲究方式方法，这样才能让他人有尊严，也才能避免他人受到伤害。要想做到这一点，在拒绝他人的时候就要做到设身处地为他人着想。每个人都是这个世界上独立的生命个体，都有自己的梦想和对于人生的憧憬，因此，每个人都不要误以为自己是别人，一定要知道别人的所思所想。在很多时候，唯有尽量做到设身处地，唯有尽量站到别人的角度上思考问题，才能真正了解他人的苦衷，也才能尽量理解他人的各种辛苦和不容易。

任何人际相处，都要建立在沟通的基础之上，也可以说，沟通是人际相处的前提条件，只有在沟通顺畅的前提条件下，人与人之间才能更加友好融洽地相处。既然如此，就不要把沟通看得无关紧要，当你摆正心态对待沟通，当你对于沟通非常认真也足够努力时，你才能用语言来表达自己，也才能以此来战胜自己心底的怯懦。

时光要用在该用的地方

有很多年轻人都以年轻为资本，肆意挥霍宝贵的青春时光，总是说自己还年轻，即使犯了错误也有机会去改正，即使在人生中走了弯路，也可以再重新走过这一段路，或者在后来的行程中珍惜时间，迎头赶上。然而，不努力，不奋斗，你要青春做什么？青春从来不是肆意挥霍和浪费时间的资本，而是每个人都要努力面对人生，做好一切该做的事情所独有的机会。如果说这个世界上一定有什么东西对于每个人都是绝对公平的，那就是时光。细心的朋友们会发现，很多时候，时光缓缓地流淌，不因为任何人而加快速度，也不因为任何人而驻足。正是在这样的过程中，每个人都在变得衰老，人生也终将一去不返。此时此刻，也许你还很年轻，但是当有朝一日时光流淌，你已经白发苍苍，还有什么理由说年轻呢？青春的时光是最为宝贵的，在生命的历程中总是转瞬即逝，每一个明智的人都应该努力地抓住时光，争分夺秒地去生活。唯有如此，才能全力以赴做好自己该做的事情，也才能在人生到达暮年的时候无怨无悔，没有遗憾。

古人云："少壮不努力，老大徒伤悲"。这就告诉我们，年轻的时光就是应该用来努力拼搏和奋斗的。如果不能做到在年轻的时候非常努力，那么随着不断成长，青春的时光越来越少，等到了年老的时候，人生就会陷入困顿之中。记得有个谜语："什么东西早晨四条腿，中午两条腿，晚上三条腿。"这个谜语的谜底很简单，就是人。从腿的数量上来看，我们就可以很形象地想到人在一生之中的经历，那么明智的人就会知道，只有两条腿的青春年华才是人生中精力旺盛的时刻。既然如此，为何不能全力以赴经营好青春，也利用青春的好时光给人生奠定坚实的基础呢？如果年轻的时候从来不努力，那么到了人生暮年，人生就会陷入各种困顿之中。而等到暮年，人的时间和精力都越来越少，为此哪怕想要努力，只怕再也没有青春时光中那么旺盛的精力。

看到这里，相信聪明的年轻人一定会想清楚一个道理，那就是要趁着青春时光去努力，这样才能在年老的时候为自己奠定良好的基础，也让自己的人生拥有更多的美好未来和希望。乍一看来，人生似乎是非常漫长的，实际上人生中真正可以用来做事情的时光很少，而能够用来做那些重要事情的时光更是少之又少。任何时候，都不要在人生中荒废，也不要在人生中感到迷惘。只有全力以赴做好自己该做的事情，只有坚定不移经营好人生，我们才能在成长的道路上不断地崛起，也才能在人生的历程中坚定不移地把握自己，成就自己。

很久以前，有个旅行者独自旅行，走过了很多的地方，见识到了很多的风景。然而，在来到一个深山之中的偏僻村落时，他在村头的树林里发现了奇怪的现象。原来这个树林里有很多矗立着的石块，而在石块上则镌刻着不同的时间。大多数时间都非常短暂，通常只有几年的时间，最长的也就十年出头。旅者很奇怪，为何这些人这么快就死去了呢？看起来，他们还都只是孩子啊。旅者忍不住潸然泪下，这个时候，有一位老人来到旅者的身边，对旅者说："你为什么哭呢？"旅者说："这些孩子都死去了，到底是为什么呢？"老人很纳闷："他们不是在孩子时期就死去的。"旅者说："但是，他们只有几岁，最大的也不过十几岁。他们都是孩子啊！"老人忍不住笑起来，指着一块石头对旅者说："这块石碑上雕刻着的虽然是11年4个月，但是这个石碑的主人活到了83岁。”

听到老人这么说，旅者更奇怪了：“那么，为何雕刻这个时间呢？”老人说：“我们这里的人都是有效率的人生时间计算的，那就是他们有多少时间做重要的事情，有多少时间做伟大的事情。”听了老人的解释，旅者恍然大悟：原来，人生百年，真正具有重要意义的人生时光也就不过十几年的时光！

的确，对于每个人来说，人生中有很多的事情都是非常重要的，但是也有大量的事情是没有那么重要的。如何能够提升生命的质量，让自己的人生更加沉甸甸地有分量，这对于每个人而言都是值得深思的事情。时光总是流淌的，不因为任何人而驻足，在时间的流淌中，我们必须坚定不移地面对自己的心，也要从容不迫地成就自己，唯有如此，才能在人生的道路上不断地向前，向上，也收获人生的充实与美好。

在心理学领域，有一个大名鼎鼎的定律，这个定律仅听名字还觉得很有意思，它的名字叫“不值得定律”。原来，有心理学家针对人们的工作表现进行研究，发现当人们觉得一项工作很重要，就会对于这项工作非常认真重视，在从事工作的过程中也会加倍努力和认真。反之，如果人们觉得一项工作不重要，那么就难免会对这项工作很忽视，也会在从事工作的过程中敷衍了事，根本不会做到全力以赴。这是因为人们很容易受到潜意识的影响，觉得对于不值得的事情，根本不值得去努力做好，因此他们才会非常懈怠，漫不经心。然而，即便是三心二意地去做，人们还是要在做事情的过程中消耗大量的时间和精力。由此可见，总是要处理这些“不值得”的事情，生命的宝贵时光就会浪费。要想改变这样的状态，最重要的就是改变心态，把不值得的事情变成值得的事情，这样才能让自己变得更加认真慎重，也可以把该做的事情都做得更好。

当然，对于一件事情是否值得，每个人都有不同的标准。例如，很多职场女强人认为把宝贵的时间浪费在做家务事上是不值得的，而有些以家庭为重的女性则会花费好几个小时的时间给孩子做造型可爱的点心、美味可口的饭菜，她们觉得能让孩子吃得健康营养且开心，是非常值得的。所以我们要坚定自己的心，坚持自己对于人生的态度，这样才能坚持本心，做好自己该做的事情。还有一点需要注意的是，每个人都会有很多的欲望，那么就要合理控制自己的欲望，也要懂得做好人生的加减题。毕竟作为一个人，没有足够的时间和精力去面对和做好所有的事情，那么就要做好取舍，把时间用在刀刃上，把时间浪费在那些最值得的事情上。这样一来，时光才能在生命中绽放光彩，才能让人生变得熠熠闪光。

不懒惰，让精力物尽其用

常言道，好吃莫若饺子，舒服莫若躺着。人的本能是趋利避害，每个人都想做对自己有利的事情，而不愿意做对自己有害的事情，更愿意享受，而不愿意辛苦地付出。在这种情况下，懒惰就成为了人生的头号公敌，很多人在成长的过程中都会不由自主地养成懒惰的坏习惯，也导致精力越来越萎靡不振。要想让人生动起来，精力旺盛，就一定要战胜懒惰，要把每一分精力都用得恰到好处，这样才能最大限度地发挥精力的效用，让人生绽放精彩。

当然，好习惯的养成需要漫长的过程，要想戒掉坏习惯，同样是很难的。一旦养成了懒惰的坏习惯，就要战胜自己的本能，也要让自己更加全力以赴做得更好。古人云，“生于安乐，死于忧患”，这正告诉我们在安逸的环境中，人是很容易变得颓废沮丧的，也会因为过于安逸舒适而导致斗志消磨。但是忧患的环境，能够让人更加全力以赴去拼搏，努力地突破和成就自己，这才是最重要的。不得不说，人的劣根性很厉害，这种本能的力量让人很难战胜，因此我们一定要擦亮眼睛，提升自己的力量，这样才能在与各种糟糕本能做斗争的过程中，占据上风。

大学毕业后，小米和小叶这对好朋友、好闺蜜就分道扬镳了。小米回到家乡，在父母的安排下当了公务员，每天上班就是喝茶看报纸，日子过得简直太悠闲。而小叶呢，则背起行囊去了大城市打拼，在大城市里四处奔波，努力奋斗，最终才把工作安稳下来。当小米已经在家里张罗着结婚的时候，小叶还住在一间狭窄局促的地下室里，根本不知道如何才能改变自己的现状。但是，小叶没有放弃努力，而是始终坚定不移地向前，全力以赴地拼搏。

十年后，小米整个人都进入了养老退休的状态，每天就是接送孩子上学，然后去办公室喝茶，工作的节奏非常缓慢，一个星期也干不了一天的活儿。而小叶呢，看起来神采奕奕，精神昂然，她完全不像是三十多岁的女人，因为精明干练的气质和坚决果断的作风，看起来更比大学时期多了几分飒爽的风姿。小米和小叶见面的时候，很难有人相信她们是同龄人，而且曾经是同学。小米养尊处优，虽然整个人状态也不错，但是她却看起来没精打采，似乎生活没了奔头一样。而小叶呢，则正当人生的好年华，说起话来都带着风，走起路来更是精神抖擞。

小米和小叶为何会有这么大的反差呢？小米养尊处优惯了，对于生活处于停滞的状态，因此整个人都很倦怠。但是小叶则习惯于一直努力拼搏，始终都在坚持不懈地努力上进，因此小叶整个人都很挺拔，就像是一棵青松一样生长，挺拔于云霄。

人是好逸恶劳的动物，很容易就会沉迷于舒适的生活之中，不愿意继续努力。那么，要想获得成长，要想不懈地进取，人就要战胜劣根性，从而才能让自己变得更加勤奋，生命也会因为勤奋而熠熠闪光。有人曾经说过，万恶之源是懒惰，因为懒惰是一个可怕的细菌，它能侵蚀人的心灵。因此，我们要时时刻刻提醒自己戒除懒惰，也要全力以赴驱赶懒惰，这样才能让人生变得更加有动力，也才会让人生有无限美好的前景和未来。当然，克服懒惰不是喊一喊口号就能做到的，而是有技巧的。首先，要保持进取之心，这样才能不断地推动自己努力成长，也以进取心驱散生命历程中的很多坏习惯，让人生拥有更加肥沃的土壤和温床。其次，要学会肯定自己，不要总是拿自己的缺点和别人的优点进行比较，否则就会导致自己失去信心，也会使自己在成长过程中陷入困境。再次，还要制定详细周密的计划。前文说过，人的本能就是好逸恶劳，因此要想战胜懒惰，还要用计划来指导自己，让自己按部就班做好很多事情。最后，要为自己营造良好的学习环境，养成终生学习的好习惯。现代社会，知识更新换代的速度非常快，因此很多大学生一旦走出大学校园，在学校里所学的知识就已经不那么紧跟时代和潮流了，在这种情况下，就要始终保持学习的好习惯，从而才能让自己更加努力进取，始终保持积极向上的姿态。

总而言之，人生的时间和精力都是有限的，任何时候，我们都要把最好的精力用在最重要的事情上，而不要总是荒废时间和精力，导致自己的人生陷入困顿之中，无法获得成长和发展。有人说，你把时间用在哪里，哪里就会开花，那么你就要把时光和精力用在人生中最重要的事情上，从而让人生以最精彩的姿态绚烂绽放！

第03章

用一杯水的单纯，面对一辈子的复杂

沸水冲泡茶叶，茶叶在沸水中舒展着优美的身姿，与此同时，释放出氤氲的香气。这样一杯清茶，带着浓香，也带着清奇，常常让人感到心旷神怡、神清气爽。实际上，对于茶叶，最好的面对状态就是让自己成为沸水，除此之外不需要做出更多的努力和选择。人生何尝不像是茶叶呢？如果用温水去冲泡，即使是好茶，也无法绽放出香气。只要换作沸水，香气马上就会散发出来，甚至让满室清香。那么我们何不就用一杯水的单纯，来面对一辈子的复杂呢？

努力用心，人生就会变得简单

常言道，世间事就怕认真。对于每个人而言，用心是最重要的事情，因为不管正在面对着的事情是简单还是容易，只要用心，就能够排除万难，解决问题，这才是每个人都渴望看到的结果。在心理学领域，有一个著名的定律，叫做一万小时定律。这个定律告诉人们，要想获得成功，哪怕是面对自己并不非常喜欢的事情，只要坚持付出一万小时，就会获得成功。为了证明这个定律，有一位心理学家用自己的三个女儿进行了实验。他让三个女儿都学习国际象棋，其实他的女儿们对于国际象棋并没有特别喜爱，甚至不知道国际象棋为何物。但是，在坚持长期学习国际象棋之后，他的三个女儿都成为了大名鼎鼎的国际象棋大师。由此可见，只要努力用心，就能把事情做好，也能让问题变得简单。

毋庸置疑，每个人要想在特殊的领域里取得成就，就一定要非常努力用心，而不要总是对于事情怀着抱怨的态度或者抵触的心理，更不要总是对于事情不耐烦。任何时候，面对人生，我们都要像孩子那样怀着强烈的好奇心，也要拥有探索的精神，这样才能够透过事情的表面看到事情的本质。很多父母都会发现，孩子们对于很多事情都怀着强烈的好奇心，例如他们非常乐于冒险，也喜欢通过各种方式来探索世界。对于感兴趣的事情，例如发现了一只蚂蚁，或者看到了一只蝴蝶，他们就会专心致志观察很久。有的时候，几个月的小婴儿还会拿着一个碎纸片玩很久，在成人心中非常乏味的事情，他们却兴致勃勃投入其中，这就是因为用心。

然而，随着不断地成长，原本对于世界充满好奇也勇于探索的孩子们，渐渐地对于人生的各种状态都开始感到乏味，他们的兴趣范围也变得越来越窄，好奇心变得萎靡不振。因此，他们抱怨人生是无趣的，也觉得自己对于人生缺乏激情。不得不说，这都是因为不够用心的原因。生活如此琐碎，常常让人在努力的过程中迷失自己。因此，我们一定要非常认真慎重，才能做好该做的事情，也才能让一切都顺利推进。记住，如果事情实在太多，不如就让自己沉静下来，学会舍弃。前文说过，要把时光用在重要的事情上，而不要把宝贵的时光用来做那些无关紧要的事情，唯有如此，我们才能更加分清楚人生的轻重主次，从而让未来变得更加美好，让人生值得期待。

成长固然重要，但是成长的代价不是变得平庸，而是要保持对于人生的积极性和热情。遗憾的是，有太多的年轻人在走入社会之后，人生面临诸多的困境，常常需要处理各种各样的琐事，因此他们根本无法全身心投入地做好每一件事情。实际上，生命的神奇魅力并不因为时光的流逝而减弱，面对生命中那些美好的任务，我们一定要鼓起勇气去挑战，而不要总是漫不经心，漠不关心，更不要丝毫提不起兴致，导致人生就这样沉沦。

常言道，人生不如意十有八九，很多时候，不如意就是人生的常态。既然如此，我们就不要被人生吓住，越是在人生中艰难的时刻，越是要全力以赴做好自己该做的事情。有些朋友误以为，是否认真用心，对于人生其实并没有太大的影响。实际上，非但有影响，而且影响还很大。在成长的道路上，我们总是要非常努力勤奋，才能振奋精神，而即使面对同一件事情，是否认真用心，结果是完全不同的。因而哪怕是面对一件简单的事情，要想把事情做好，也是要非常认真用心的。所谓世上无难事，只要肯攀登，任何时候，我们都要全力以赴做好该做的事情，这样才能激发自己的所有潜能，才能给自己的人生获得成就。

细心的朋友们会发现，在现实生活中，那些有所成就的人，都是怀有激情的人。而那些总是与失败结缘的人，则总是郁郁寡欢，对于任何事情都提不起兴致来。既然哭着也是一天，笑着也是一天，我们为何不笑着度过人生的每一天呢？换而言之，既然主动生活也是生活，被动生活也是生活，我们为何不选择更加积极主动的方式面对生活，未来还有可能获得更多的收获和更伟大的成就呢！

如今的时代里，各行各业竞争非常激烈，每一个企业、商家，都想以诚意之作打动消费者的心，获得消费者的认可。那么作为生命的个体，在面对人生的时候，我们也要打造诚意之作，这样才能在成长的历程中获得更加长足的发展和进步，也让人生得到更多的机会和更大的成功可能性。

感恩知足，让人生快乐相随

还记得陈红演唱的那首《感恩的心》吗？我记得第一次听到这首歌，是在北京“新华保险”的培训班里。当时的我刚刚到北京，衣食无着落，吃了这一顿，不知道下一顿在哪里，也没有信心自己养活自己。想想自己放着家里好好的工作不要，丢掉了作为教师旱涝保收的铁饭碗，却换来自己这样的辛苦奔波，又因为当时很多人一起唱起这首歌，内心的震撼无以言表。难怪人们常说一千个人眼中就有一千个哈姆雷特呢？即使面对同一首歌，不同的人也会有不同的感触，或者同一个人在不同的人生阶段，也会有不同的感触。

做人，要想收获幸福快乐，一定要感恩知足，不要总是拿自己和别人比较，也不要因为别人的成功就盲目地否定自己，而是要更加珍惜自己，感恩自己，这样才能在成长的道路上坚持奋进，努力进取，也才能因为知足而感受到人生的幸福和快乐。在这个世界上，有无数片树叶，却没有完全相同的两片树叶，有无数个人，却没有完全相同的两个人，这就注定了每个人的人生都是不同的。

纵观社会，人人都在自己的人生轨道上行进，从事着不同的职业，有着不同的家庭，可以纵情驰骋，也可以悄无声息地偏居一隅。总而言之，每个人都是自己人生的主宰，每个人都可以在成长的道路上不断地努力提升自己，全力以赴地改变自己，同时要笃定自己的内心，坚守自己的生活。唯有如此，才能不断地努力向前，也才能淡然地过好自己的人生，也笑看别人的人生。只有如此，才能感恩知足，也才能幸福快乐。

2014年，快看漫画的创始人陈安妮发表了一篇文章《对不起，我只过1%的生活》。这篇文章一经发表，就引起了剧烈的反响。在这篇文章里，陈安妮也以自己最擅长的漫画为创作，讲述了自己的创业历程。最开始的时候，陈安妮只是一个特别喜欢漫画的小女孩，她最大的梦想就是成为一名漫画家，画自己喜欢的画作，过自己喜欢的生活。然而，身边的人，不管是家人还是朋友，没有任何人支持陈安妮的这个梦想，甚至有人还直截了当地告诉陈安妮，你获得理想生活的概率低到1%。陈安妮被这个成功的概率吓到了，因此，她开始按部就班的读书学习，考上大学。在整个大学期间，她收藏起来自己的漫画梦想，非常努力地学习，很少再一门心思地只想画漫画。

一个偶然的机会，有人知道陈安妮的漫画画得很好，就找到陈安妮，想让陈安妮提供漫画，每一幅漫画的价格是三十元钱。众所周知，读大学期间，孩子们总是缺钱的，也总是希望靠着自己的能力赚取金钱。因此，陈安妮开始一边读书学习，一边画漫画，以这样的方式来赚钱。这样的方式再次激发起陈安妮要成为漫画家的梦想，她的心中对于那被断言只有1%的希望再次死灰复燃。她开始把漫画发表在网络上进行连载，为此她获得了中国动漫金龙奖。后来，她还推出了“快看漫画”，如今，“快看漫画”被上千万的粉丝下载，这些粉丝都是陈安妮不折不扣的漫画迷。不得不说，陈安妮成功了，她抓住了1%，也获得了1%的成功。

陈安妮不贪婪，她愿意舍弃其他的99%，而只要获得1%的成功。陈安妮也很贪婪，因为她既然只抓住了1%，就要把这1%做到极致。作为普通而又平凡的人，你可知道自己的1%在哪里吗？你又可知道如何才能抓住自己的1%，获得长足的进步和发展吗？

在这个世界上，没有任何人敢于保证自己的人生一定是成功的，也不能妄下定论说自己做的事情一定比别人做的事情更高级。每个人的思想观念、人生阅历、教育背景各不相同，也许在这个人眼中不值一提的小事情，在另外一个人眼中就是惊天动地的大事情，也许在这个人心中根本不屑一顾的小事情，在那个人眼里就是要非常重视的事情。总而言之，我们要端正心态看待自己和他人的生活，这样才能全力以赴去做好自己该做的事情，也才能更加坚定不移地完成人生的梦想。记住，人生何时开始都不晚，既然如此，我们为何不能全力以赴去做好人生该做的事情，在人生的道路上获得更好的成长和未来呢？记住，哪怕只抓住1%，只要全力以赴去拼搏，你的人生就是成功的！

打开限制阀，人生无极限

有一个心理学家以跳蚤进行实验。他把跳蚤放在玻璃瓶口，瓶口敞开着，结果跳蚤果然不负跳跃大王的美誉，轻轻松松就从玻璃瓶口跳出来了。接下来，心理学家拿出一块透明的玻璃盖板，盖在玻璃瓶口。跳蚤不知道玻璃瓶口有盖板，继续往上跳跃，结果每次都会撞击到玻璃盖板上。跳蚤不敢再跳那么高了，因此把跳跃的高度降低，在没有碰撞到玻璃盖板之前就不再上升。后来，心理学家把玻璃盖板取下来，但是跳蚤依然跳到玻璃盖板以下的高度，再也跳不出来瓶口。原来，跳蚤已经进行了自我设限，局限了人生的高度。

看到跳蚤这样的行为，一定有很多人都感到可笑，其实跳蚤之所以出现这样的行为，是因为它对于自己进行了限制。在嘲笑跳蚤的同时，人们一定没有想到，其实很多人也会这样进行自我设限，导致自身的发展受到局限。不得不说，这样的人生不是局限于外部环境和因素，而是局限于自己。

在一艘豪华游轮上，杰克一家四口买的是低等舱的票。他们以为船上的餐厅一定很贵，因此带了足够的干粮。每当到了吃午饭的时候，孩子们看着高等船舱里的餐厅中摆出的很多美味食物，总是眼馋地看着，有的时候还会垂涎三尺地靠近。为此，杰克总是呵斥孩子们要回来，不要靠近，否则就会挨打。孩子们在杰克的约束下，再也不敢靠近餐厅。

然而，因为天气原因，轮船比预计的时间要晚一个星期才能到达港口，因此，杰克带的干粮不够吃了。看着孩子们饿得眼冒绿光，杰克这才问服务员："你好，餐厅里如果有剩饭剩菜，可以让我的孩子们去吃一些吗？"餐厅里的服务员惊讶极了："餐厅里的饭菜是所有乘客都可以去吃的，难道你们从来没有吃过吗？"

正是因为自我设限，又因为碍于面子而不敢去询问，杰克全家人在漫长的航程中都在吃随身带着的干粮，而在航班延迟之后，他们还不得不忍饥挨饿。在生命受到威胁的时候，杰克才张口向服务员讨要一些残羹冷炙给孩子们，结果发现自己和家人们错过了很多美味的食物。

很多时候，不是客观外界的环境限制了我们，而是我们的内心总是被局限，因此导致我们的人生面临了很多的困厄。我们一定要更加全力以赴做好该做的事情，打破内心的局限和思维的囚牢，这样才能放飞自己，也才能让自己抓住更多的机会，从而获得更多的收获和更多的成长。

记住，很多时候，事情并没有我们所想象的那么糟糕，也不像我们所焦虑的那样难以想象。只有勇敢地打破内心的局限，避免事情朝着更加糟糕的方向发展，这样才能够不为自己设限，也才能够战胜坎坷和挫折，在人生的道路上勇往直前。

有一位澳大利亚的"海豹人"尼克，曾经创作了一本书《人生不设限》。尼克出生的时候就患有海豹肢症，所谓海豹肢症，就是和海豹一样天生没有四肢，只有手脚长在躯干上。可想而知，命运如此残酷的打击，让尼克几次三番想要自杀，尤其是随着不断地成长，尼克总是被身边的人嘲笑和歧视，更给了他很多无法承受的压力。但是。当一次又一次被救活之后，尼克决定要改变自己的命运，勇敢的创造生命的奇迹。

十岁的时候，尼克开始学习自理，通过坚持不懈地练习，他终于能够做一些简单的事情。后来，他渐渐地找回生存的信心，开始尝试越来越多的事情，居然学会了足球、打鼓、冲浪等很多正常人都无法做到的事情。尤其是冲浪，他居然能做出三百六十度旋转的高难度动作，并且因此而成为《冲浪》杂志上最为酷炫的封面人物。最终，尼克成功了，他不像大多数人所想的那样注定要失去正常的生活，而是获得了常人都不敢想象的成功。如今的尼克是一家企业的总监，管理着一家企业，也是一位了不起的演讲家，为无数人带来坚强的精神力量。

即使作为父母，在尼克出生的时候，第一次看到尼克，也忍不住感到害怕。但是，当大多数人都认为尼克的人生一定会非常悲惨的时候，尼克却以自己的努力赢得了生机。对于尼克而言，这的确是很重要的，因为他战胜了自己，也主宰了命运。任何时候，都不要觉得这很容易，但是也不要觉得这一定非常艰难或者根本不可能实现。只要你的心中有希望，只要你的眼睛里有光芒，未来你就一定可以战胜自己的短板，获得最大的成功。如果连海豹肢症的尼克都能学会三百六十度冲浪，人生中还有什么奇迹不能实现呢？

美国大名鼎鼎的前总统罗斯福曾经说过，“除非你同意，否则你不能比人低一等”。由此可见，我们每个人都是自己的主宰，也是自己的希望和未来所在。不管外部的环境多么残酷和恶劣，只要我们始终坚持努力向前，只要我们全力以赴超越自己，我们就能够成就更美好的自己，这很重要。

记住，只有不设限的人生才能海阔天空，也只有不设限的人生才能潜力无穷。任何时候，都不要给人生设限，更不要给未来下否定的预言。相信自己，相信自信的力量，你就能全力以赴做出更伟大的成就，获得更美好的未来。

快乐是一种感受

对于人生，每个人都有不同的追求。有人觉得要赚取大量的金钱，有人觉得要攀升到更高的职位上，也有人觉得要获得巨大的成功，让世界都为之瞩目，还有人觉得要更加全力以赴活出自己想要的样子。总而言之，每个人对于快乐都可以有自己的理解，最重要的是，他们自己觉得很快乐。从本质上而言，快乐是一种感受。一个大富翁即使每天都在赚取大量的金钱，也有可能觉得不快乐。而一个农民工，虽然从事着艰苦卓绝的工作，但是如果能够和家人在一起，享受天伦之乐，他们就会觉得很快乐。我们不能说农民工得到的快乐没有大富翁得到的快乐更多，而是要相信对于农民工而言，他的快乐同样是发自内心的，而且他在快乐的感受中也会收获更多真诚爽朗的笑声。因此，我们一定要相信快乐，也要用心地感受快乐。

有些人看到这里会误以为快乐既然是一种感受，就是很容易得到的，其实不然。举个最简单的例子，孩子只要得到一个玩具就会很快乐，但是很多成人哪怕拥有得再多也不快乐。虽然快乐和拥有多少物质和金钱没有关系，而是取决于内心的感受，但是实际上，快乐的感受也往往得来不易。人的心，总是琢磨不定，尤其是在现代社会外部刺激很多的情况下，更多的人为了争取得到利益而不懈地努力，持续地进步，因此他们的心一定会犹豫不定，也常常因为外界的风吹草动就会迷失。在这种情况下，要想得到快乐，就一定要拥有笃定平和的内心，这样才能更加深刻地感受快乐，拥有快乐。

海伦凯勒出生的时候是一个非常健康可爱的婴儿，因此，爸爸妈妈在她身上投入了很多的爱。然而，在十九个月大的时候，海伦凯勒因为一场突如其来的猩红热而陷入昏迷之中，等到醒来的时候，她不但失去了视力，还失去了听力。从此之后，海伦凯勒生活在无声也无光的世界里。一开始，因为年纪小，所以海伦不觉得自己和别人有什么不同，但是随着渐渐长大，她意识到自己和他人的不同，为此变得脾气暴躁，焦虑不安。看着海伦痛苦的样子，被封闭在自己的世界里无法与外部交流，父亲四处寻找，才为海伦找到了莎莉文老师。

莎莉文老师曾经有过险些失明的经历，因此她很清楚海伦的感受，也了解海伦的痛苦。为了帮助海伦，莎莉文老师想尽办法教海伦识字，帮助海伦学会阅读。自从可以自主阅读，海伦的世界就像是打开了一扇窗。原本非常郁闷和焦虑的海伦，如今终于可以与外界进行信息的交流，她的内心变得平静，她的求知欲望也被激发出来。此后的日子里，海伦一直在莎莉文老师的帮助下学习，不但学完了大学课程，而且成为了一名作家、演讲家、慈善家。海伦创作的《假如给我三天光明》，给全世界的人都带来了光明，也激励了无数身体残疾的人。

如果海伦始终是一个正常的孩子，未必会有后来这么伟大的成就。正是因为身体残疾的限制，海伦才把更多的时间和精力用于学习，才更加专注于自己的内心，也才能获得伟大的成功。海伦一开始是忧愁苦闷的，后来她开始阅读、学习，与这个世界交流，尽管她生活在无声无光的世界里，但是她的心是明亮的，因此她可以感受到幸福。

在这个世界上，命运常常是很残酷的，会捉弄人，会折磨人，但是唯独没有办法剥夺人们感受快乐和拥有快乐的权利。快乐就像是每个人心底里的一颗种子，在人们的心中生根发芽。如果你愿意传播快乐，那么你的心就会感染快乐。快乐也像小小的降落伞，在我们的心中飘飘忽忽地下来，让我们的心也变得非常柔软和温暖。正如一位名人所说的，这个世界上并不缺少美，缺少的只是发现美的眼睛。同样的道理，这个世界上也并不缺少快乐，缺少的只是感受快乐的心灵。任何时候，我们都要让自己的心保持温暖柔软，这样才能更加敏感细腻地面对人生，才能感受到人生之中更多的快乐和善意！

你担心的事情大多数不会发生

有一个心理学家召集了很多人参与一项实验。对于实验的目的，心理学家严格保密，并没有告诉大家。他发给每个人一张纸，让他们把自己此时此刻正在担心的事情写在纸上，然后标注自己的姓名。后来，心理学家把这些纸都搜集起来，存放好。又过去很长一段时间，心理学家再次召集大家聚集到一起，然后把曾经写满忧虑的纸发给每一个人。心理学家问大家："你们所担心的事情真的发生了吗？"大家面面相觑。最终，大家在核对那张纸之后，证实他们所担心的事情大多数都没有发生，只有一个人所担心的事情真的发生了，但是事情结果没有因为他的担心而发生任何改变。这个实验结果告诉我们，你所担心的事情大多数不会发生，而即使你真的很忧虑，那些该发生的事情也依然会发生，而不会有任何改变。由此可见，担心是毫无意义，且没有实质性作用的。

现实生活中，很多人都感到非常快乐，因为他们觉得人生中有很多的幸福美好，也有很多的欣喜和惊喜。然而，也有很多人总是闷闷不乐、郁郁寡欢，并不是因为命运亏待他们，而是因为他们的心中总是满怀忧虑。不得不说，当长期陷入忧虑的状态之中，对于人身体和心态的影响都会很严重。例如，医学专家经过研究证实，当一个人的心情始终都很焦虑不安，那么他就会患上严重的胃肠消化疾病。当一个人的心情始终非常好，那么慢性疾病很难找上他，他也会非常自由自在，对于生活有更加美好的体验和感悟。所谓卧薪尝胆，就意味着一个人必须非常努力辛苦，才能在成长的道路上有更好的表现，也才会有更加美好的未来。

在一个村子里，有一个小财主，总是闷闷不乐。其实，这个小财主衣食无忧，而且从祖辈那里继承了一些房产土地和金钱，因此生活得比大多数人都更好。但是，小财主最大的愿望是能够获得更多的金钱，从而让自己的子子孙孙都不为生计发愁。

有一天早晨，小财主早早地起床去自己的田地里查看情况。他看到有一个人正在田间地头走来走去，仔细一看，原来是上帝。小财主兴奋不已，当即去向上帝乞求："上帝啊上帝，我每天都在虔诚地供奉你，你能不能施舍给我更多的金钱，让我的子孙后代都再也不为生计发愁呢？"上帝笑而不语，说："有舍才有得，你明天给村子里最穷的一户人家送去一袋子粮食吧！"尽管小财主很贪财，但是一袋子粮食还是有的，因此，他当即答应了上帝的请求。次日清晨，小财主早早地起床，背起一袋子粮食就去了穷人家里。他知道上帝在看着自己呢，因此友好地对穷人说："我背了一袋子粮食给你们，希望你们能吃饱饭。"穷人家的爸爸正在忙着做饭呢，头也不抬对小财主说：“我们今天有粮食吃，不需要你的粮食，谢谢你了，请你拿回去吧！”但是，小财主是按照上帝的旨意才来的，为此小财主很耐心地说：“今天有粮食吃，可以留着明天吃，没关系的。”小财主执意要把粮食留下，爸爸却说：“明天再说明天的事情，今天有粮食吃，就不用想那么多。”看着穷人全家人开开心心的样子，小财主突然想明白一件事情：“明天再说明天的事情，今天就为今天开心，这样的人生才快乐啊！”

后来，小财主离开穷人家，又看到了上帝。上帝说：“你还要那么多的财富吗？”小财主说：“我不想要那么多财富了。穷人家连温饱都成问题，我为何要那么多的财富呢？儿孙自有儿孙福，我还是管好自己，不要这么忧愁焦虑吧！”从此之后，小财主再也不为没有发生的事情担忧焦虑，而是变得越来越快乐！

你所担心的事情大多数不会发生，与其为了尚且没有发生的事情而担忧焦虑，不如有的放矢地调整好心态，积极地拥抱和接纳人生，这样才能更加幸福快乐。就像事例中的小财主，看到穷人家里的快乐，他才突然明白自己不快乐的根源不是因为拥有的金钱太少，而是因为内心的欲望太多。

没有人愿意生活在担心和焦虑之中，也没有人愿意让自己的内心总是忐忑不安，这是符合人的本能的。因此，我们一定要战胜忧虑，消除忧虑，这样才能怀着坦然的心面对这个社会，也怀着坚定不移的态度面对各种坎坷挫折。在忧虑的时候，我们不如扪心自问：我所担心的事情真的会发生吗？我的未来真的会因为各种各样的事情而发生翻天覆地的变化吗？我的人生真的会因此而困顿起来，陷入无边的黑暗之中吗？放宽心，你所担忧的事情大多数不会发生，只有怀着平静坦然的心面对人生，只有以内心的笃定应对外界的各种变化，才能真正成为人生的掌舵者，也成为自己的上帝。

把身后的门关上

人生在世，光阴短暂，对于已经发生过的事情，一定要记得随手把身后的门关上，才能把过往的不愉快等都完全抛之脑后。如果总是这样对于发生的事情感到迷惘、遗憾和困惑，日久天长，心中就会被那些毫无意义的烦恼塞满，人生就会变得失去未来，被过往所纠缠。西方国家有句谚语，不要为打翻的牛奶哭泣，这就告诉我们很多事情实际上都是人力所不能控制的，因此我们能够做的只有接受。否则如果总是活在过去的阴影之中，对于已经发生的事情耿耿于怀，不愿意释然，日久天长必然越来越枯燥，对于生活的滋味也会觉得很寡淡。真正明智的人，会坦然接受生命中那些不能改变的，这样一来才能让自己的心安然，也才能让人生变得更加简单。

正如人们常说的，人生不如意十之八九，这就告诉我们不如意实际上是人生的常态，任何时候，我们都要学会战胜生活的不如意，也要学会接受生活的不如意。很多人对于人生都有太多的欲望，他们想要改变生活，却又对生活无能为力。在这种情况下，与其一味地对人生感到不满意，不如调整好心态全力以赴地面对这一切，接纳这一切。“宠辱不惊，闲看庭前花开花落，去留无意，漫随天外云卷云舒”，告诉我们一定要全力以赴战胜内心，成为自己的主宰，才能从容地面对人生中所发生的一切。

从本质上而言，每个新生命从呱呱坠地开始就在不断地成长和学习，即便长大成人之后，人们也要持续地接受自己，持续地与命运抗争。在不断失去和不断拥有的过程中，唯有保持进取心，才能最大限度激发生命的本能，才能学会把很多身外的事物看淡，也才能避免陷入欲望的深渊，避免为了人生中不值得付出一切代价去追求的事物，而迷失自我。记住，对于每个人而言，人生都不可能永远顺遂如意，与其忐忑不安地面对人生，在患得患失中迷失自我，不如坚定心中的意念，完善内心的执着，才能更加从容地走好人生的道路，才能更加无所畏惧地面对人生中的一切。

这次高考，亚伟的成绩很糟糕，因为错过了心仪的大学，所以他很悲观沮丧。眼看着开学的日子就要到来，亚伟却还没有想好自己是选择复读一年高三，还是去读那所并不理想的大学，为此他很纠结。看到亚伟的样子，爸爸语重心长对亚伟说：“亚伟，在人生之中，没有人能够保证自己所走的每一步都是预期的样子，其实条条大路通罗马，不管你做出怎样的选择，上什么样的学校并不能决定你的整个人生，最重要的是你将会以怎样的心态面对一切。你要记住，人生不可重来，每一段时间里，我们都有每段时间的任务。”听着爸爸的话，亚伟似懂非懂地看着爸爸，爸爸继续说：“曾经，爸爸小时候因为家里穷上不起学，初中毕业就和同乡一起出来打工。但是，我打工的同时一直在坚持学习，就这样，渐渐地，我学完了专科，又学习了本科。与此同时，我的经验也增加了。因此，厂里才能提拔我当部门主管，再到副厂长。我想告诉你的是，就算你进入不理想的学校里，你将来也可以通过考研再回到理想的学校，这都是完全有可能的，重要的是你的心。当然，你也可以复读，爸爸也会全力支持你，但是如果你继续这样颓废沮丧下去，即使复读也没有好的结果。所以爸爸希望你想清楚后，就坚定不移地去做。”

亚伟认真思考爸爸的话，觉得爸爸说得很有道理。他调整好心态，去了那所不那么理想的学校就读。三年之后，亚伟成功地考入另一所知名大学的研究生，人生进入了更加开阔的崭新地带。

爸爸说得很有道理，人生不会因为一次成功或者失败就彻底改变模样。所谓条条大路通罗马，对于那些积极对待人生的人而言，哪怕遭遇小小的坎坷和挫折，他们也能继续在成功的道路上勇往无前，这才是最重要的。记住，生命不可重来，但是对于生命中的很多事情，只要愿意，我们还是可以努力把握和掌控的。

任何时候，每个人的命运都掌握在自己手里。只有不断地努力向前，从容地奋斗，人生才会变得充实精彩，与众不同。

对于生命中发生的很多事情，我们都没有必要陷入烦恼之中无法自拔，因为有些事情的发生是完全不以人的意志力为转移的，与其沉浸在不能改变事情的痛苦之中，不如勇敢无畏地积极面对，这样至少可以改变很多事情，也可以让人生绽放出与众不同的光彩。

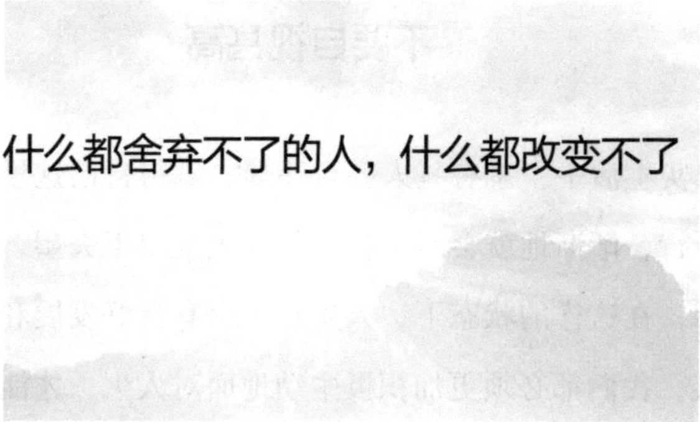

第04章

什么都舍弃不了的人，什么都改变不了

人生总是要不断地进行选择，既然有选择，就会有所舍弃和得到。很多人陷入了欲望的深渊，总觉得自己得到的太少，失去的太多，其实人生就像是一场旅程，如果始终不断地往自己的行囊中装入很多沉重的东西，那么必然会导致人生不堪重负，也会使得人生陷入各种被动的局面之中无法自拔。因此，我们一定要学会舍弃，才能真正地主宰和掌控人生。

不要自视甚高

现实生活中，总有些人妄自菲薄，觉得自己这里也不行，那里也不行，渐渐地就会对于自己的人生变得很失望，也很失落。殊不知，在这样的状态下，人生是不会有良好发展和成长的。任何时候，我们都必须更加积极主动地面对人生，才能有的放矢地在人生道路上活出独属于自己的精彩和辉煌。当然，凡事皆有度，过度犹不及。在避免妄自菲薄的同时，我们也要避免妄自尊大，自视甚高。很多人都以为自己一定要自信，却分不清楚自信和自负之间的关系，因此他们常常感到自负，把自己看得太过高大，也因此让自己的人生陷入被动地状态无法自拔。

做人固然要自信，但也要学会谦虚低调。唯有如此，才能深谙人生的哲学，才能在成长的道路上低调做人。低调做人，实际上是一种行之有效的自我保护方法，这样低调地面对自己，才能在成长的道路上有更多的时间和精力用于反思自身，也才会呈现出更好的成长和发展状态。任何时候，我们都要记住一件事情，那就是人生从来不会重来，只有把很多事情都尽量做好，我们在人生的道路上才会更加不忘初心，砥砺前行。民间有句俗话，叫做会咬人的狗不叫。这就告诉我们做人也要悄悄地积蓄实力，这样才能不显山不露水，成功地提升和完善自己。

富兰克林是美国历史上的伟大政治家，也当之无愧成为了美国的开国元勋之一。有一次，富兰克林去拜访一位老前辈，这位老前辈一生清贫，所住的房子非常低矮简陋。因此，当富兰克林高昂着头走进老前辈的房子时，居然把头狠狠地撞在了老前辈的门框上。富兰克林毫无防备被门框这样狠狠地撞击了一下，额头上马上青肿起来，起了一个很大的包。富兰克林忍不住喊痛，这个时候前辈出来迎接富兰克林，对富兰克林说："你的头一定很痛吧！"富兰克林忍着痛苦点点头，老前辈却笑着说："这是你进来拜访我，我送给你的一份大礼。"富兰克林原本以为老前辈在开玩笑，因此表现出不以为然的样子，没想到老前辈却很认真地再次说道："这件事情告诉你，一个人要想达观天下，就必须学会低头。"富兰克林恍然大悟，把老前辈的指点和训诫牢牢记在心里。

老前辈说得很有道理，一个人要想行走在人世间，就一定要更加谦虚低调地面对这个世界，面对外界的一切人和事情。很多人面对人生的各种境遇，总是始终高昂着头，对于很多人和事情总是采取漫不经心的态度。殊不知，有些人看起来其貌不扬，甚至给人软弱怯懦的形象，但是实际上这样的人是最不可小觑的。他们志向高远，却不显山不露水，他们野心勃勃，却藏巧露拙，表现出无能的样子。这正是因为他们心气不那么高，而且对于人生也有自己的执着。反而那些看上去趾高气昂，而且不管做什么事情都喜欢咋咋呼呼的人，就像一个透明的玻璃人一样，把很多心情都表现出来，把很多事情都说出来，因此根本没有实力和威胁性可言。

当年，刘备三顾茅庐情诸葛亮出山，就表现出了他的雄才伟略。要知道，诸葛亮当年只是一个初出茅庐的黄口小儿，而且前两次刘备都没有见到诸葛亮，直到第三次才得见诸葛亮，由此可见刘备任人唯贤的决心，也由此可见刘备对于请诸葛亮出山是势在必行的。其实，刘备本身并非有着多么大的才能，而他最大的能力就在于知人善任。不得不说，刘备的情商是很高的，非常适合做管理者，所以才能网罗天下人才为自己所用，也才能最终三分天下，成为一方霸主。

一个人，不管已经取得了多大的成就，也不管自认为多么了不起，在成长过程中都要对自己有清醒正确的认知，这样才能最大限度提升自己的能力，创造人生的精彩和辉煌。记住，海纳百川，是因为海的位置最低。任何时候，我们要想有所成就，也要把自己的位置放得更低一些，这样才能让自己谦逊低调做人，也才能不断地成长和进步。

不纠结，弯路也不弯

人人都渴望着自己能够获得一帆风顺的人生，殊不知，在这个世界上，真正的顺遂如意根本不存在，每个人在人生的道路上都会遇到各种坎坷和挫折，要想让自己的未来拥有更好的成长空间，要想让自己的人生不断地进步，我们就要学会掌控自己的内心。任何时候，都不要纠结，因为人生的道路尽管漫长，而且也会遇到各种各样的坎坷挫折与风雨泥泞，但是只要我们保持着一颗笃定的心，就可以从容应对万变的人生。

写到这里，突然想起李琼演唱的《山路十八弯》。其实，人生也绝不是一马平川，而更像是山路十八弯。一个人要想在人生的道路上做到更加开阔平坦的境地，就一定要走过弯路。当然，面对人生众多的岔路口，选择恐惧症患者一定会感到抓狂，面对岔路口，到底应该选择去往何方，这的确是个问题。然而，更重要的是，我们必须在走山路的过程中坚持争取的方向，在面对岔路口选择方向的时候，保持正确的方向，这样才能在不断努力之下距离人生的目的地越来越近。

很多人都自诩为生活的强者，实际上，真正的人生强者并不仅仅表现在肢体的力量，而更多的表现在精神力量的强大。一个人，唯有精神上成为真正的强者，在面对人生的时候才会更加理性坦然。否则，如果觉得面对这个世界无能为力，就会觉得内心空虚，对于生命也会产生深刻的无力感。总而言之，人生一定要全力以赴，才能做好该做的事情，也要振奋精神面对这一切，才能做得更好。

当然，人们常常以舍近求远作为人生的错误方式，实际上，有的时候走弯路不可怕，可怕的是在走弯路的过程中，迷失了方向，远离了目标。所谓不忘初心，方得始终。任何时候，我们都要全力以赴做好该做的事情，才能让人生更加有的放矢、效率倍增。总而言之，现实是残酷的，每个人都要振奋精神做好自己该做的事情，才能在人生的道路上执著前行，也才能在奋斗的过程中牢记本心。

曾经，有个年轻人从大学毕业后就非常顺利，事业发展顺遂如意，就连爱情也不期而至。这样的风调雨顺让年轻人很快就从起步阶段进入到发展阶段，就在年轻人以为一切都会这么顺利下去时，却发生了突如其来的打击。他在工作上因为犯错被降职停薪，正处于筹备阶段的新公司也因此终止筹备，而热恋中的女朋友也突然对他冷淡起来。年轻人觉得郁闷极了，不知道如何做才能更好。

后来，有一个好朋友邀请他去农村的老家住几天散散心，年轻人百无聊赖，也不想回家面对父母，就去了农村。来到农村，好朋友的哥哥非常热情地接待了他。正赶上插秧的时节，哥哥要去地里农忙，年轻人只是还依稀记得自己小时候父母插秧劳作的情形，因此也主动要求和哥哥同去。看着哥哥插秧娴熟的动作和姿态，年轻人惊讶不已，尤其是那一行行秧苗，简直比尺子比划出来的更加直。年轻人惊讶极了，问大哥："大哥，你这是练了多久，才能把秧苗插得这么整齐漂亮啊！"哥哥说："农村人家的孩子，从能下地就开始干活，干得久了，也就越干越熟练。不过，这些秧苗只是现在看着整齐，要不了几天，就会有秧苗枯死，未来也有可能遭遇病虫害，还要补种，看起来就参差不齐了。”年轻人很惊讶：“秧苗插得这么好，还有可能死掉吗？”哥哥点点头：“当然，补种是必不可少的环节，而且很有可能不止一次呢！”年轻人陷入沉思：“这样岂不是很辛苦吗？有没有什么方法避免呢？”哥哥笑起来：“这有什么辛苦的。做任何事情，也不可能一步到位啊，尤其是种田靠着天时地利人和，更不可能一步到位。只有不断地更正和修补，未来才有可能获得好收成。”哥哥的话让年轻人茅塞顿开：是啊，我现在还这么年轻，此前的顺遂如意也只是碰巧了而已，人生正常的状态就是不如意，我为何不能更好地面对人生呢？就这样，年轻人在哥哥家里休养生息几天之后，回到自己的生活里继续打拼。

哥哥说的很对，做任何事情都不可能一步到位，这也就注定了人生中的很多弯路是不可能绕过去的。与其因为人生面对困厄而感到沮丧，还不如最大限度调整好心态，这样才能更加从容地接纳人生的不如意，也从坎坷挫折之中不断地成长和成熟起来，走到人生中更加广阔的天地中去。

走弯路是人生的常态，并不可怕，每个人都要坦然接受在人生中走弯路的状态。更重要的是，我们在走弯路的过程中一定要怀着更加平静的心态，尽管每个人都希望人生顺遂如意，但是我们却要接纳人生中不如意的状态，也要以更加积极主动的态度去面对人生。记住，在滚滚红尘中，在充满柴米油盐酱醋茶的俗世里，我们一定要足够坚强，才能走好人生之路，也要足够笃定，才能以从容之心面对人生，真正走好有助于自己的人生之路。记住，只要内心不纠结，弯路就不弯。

在错误中成长

在这个世界上，除了万能的上帝不犯错误之外，相信每一个普普通通的众生都是要犯错误的。最重要的不是在错误中沉迷，而是要能够反思错误，从错误中汲取失败的经验和教训，也从错误中找到努力向上的阶梯，这样才能以错误作为改正的契机，也让自己的人生获得更大的成长空间和更多的成功可能。

记住，人不是圣贤，也不是神仙，更不是上帝，每个人都会犯错误，正是在犯错误的过程中，人才能不断地尝试，也才能从失败中汲取经验和教训，持续的成长。有些人以不犯错作为人生的目标，作为工作的方向，殊不知，当人不能因为能力超群而不犯错，那么他们就很有可能是因为固步自封才能避免犯错。这样的方式不但让人远离失败和错误，也让人远离成功，失去一切成功的可能性。在犯错之后，不要始终沉浸在错误之中无法自拔，而是要认识到错误既然是人生的常态，我们就要积极地面对错误。在认真反省错误之后，就把错误抛之脑后，这样人生才会进入更加理想的状态，也才会因为错误而获得成长。

细心的朋友们都会有相同的感受，那就是在犯了错误之后因为害怕被责备，也害怕因此而被别人瞧不起，所以总是想逃避错误。其实，这是面对错误最糟糕的方式，因为我们如果不能抓住犯错误的机会积极地改正错误，那么日久天长，我们就会因错误而迷失，甚至还会再犯下相同的错误。总而言之，我们一定要正确对待错误，才能不断地成长，也才能在成长的过程中更加砥砺前行，不忘初心。

在犯错误之后，如果错误对别人造成了伤害，千万不要急于为自己解释，因为此时此刻的解释哪怕是出于真心的，也会使人误以为你在为自己狡辩。正确的做法是第一时间就真诚地向他人道歉，毕竟错了就是错了，没有什么好掩饰的，也没有什么好逃避的。每个人都会犯错误，一个明智理性的人，会宽容地接纳他人的错误，也会给予他人切实有效的帮助，使他人从错误的局限性中走出来。从这个意义上来说，我们在自己犯错之后没有必要害怕被别人嘲笑或者挖苦讽刺，在他人犯错之后，也要对于他人怀着宽容友善的态度，这样才能理解和原谅他人，也才能建立良好的人际关系。实际上，对于那些能够勇敢地承认错误且承担起责任的人，人们总是非常宽容。

当然，可以弥补的错误还不是最糟糕的，最糟糕的是错误引起了严重的后果，而且根本没有可能弥补。这样的错误往往是最折磨人的，也会给人带来莫大的遗憾。例如当年的乔安山，因为开车的时候不小心撞倒了电线杆，导致班长雷锋去世。此后的人生之中，乔安山一直为此感到内疚，为了继承雷锋乐于助人的优良传统，他此后也一直坚持做好事情，甚至因此而被他人误解。但是，他从来没有改变过乐于助人的心。实际上，乔安山因为撞到电线杆而导致雷锋死亡，绝对不是故意为之，而是纯粹的意外。对于这样的错误，他产生深深的懊悔和沮丧在所难免，但是也不要因此而过度自责。毕竟命运是无常的，很多事情的发生我们并无力改变，既然如此，就只能坦然接受。此外，也有很多事情是人力所不可抗拒的，那么就要坦然面对。否则，一直活在对于错误的懊丧之中，非但不能弥补错误，反而会让自己也因为错误而变得更加颓废沮丧，这当然是得不偿失的。从另一个角度而言，弥补错误的方式有很多，虽然无法改变最直接的后果，也可以以其他的方式进行。总而言之，只要自己是真心想要改正和弥补错误，也是真心想要把事情的结果变得更好一些，就可以拼尽全力而为，也可以不遗余力去做好。

人生在世，没有人能够保证自己每一件事情都做得非常正确。只有不断地努力进取，给予人生更多的成长空间，才能全力以赴做好该做的事情，才能把人生活出独特的精彩与辉煌。

舍弃与得到相互转换

在人生的道路上，舍弃与得到之间并没有一个标准作为衡量，二者有可能不断地转换。有的时候，舍弃就是得到，有的时候，得到反而是失去，这是因为每个人对于事情取舍的重点不同，因此他们对于人生的各种状态也希望得到不同的反馈。在生命历程中，要想拥有笃定平和的心，我们一定要更加坚持不懈，勇往直前，才能在人生的道路上获得更好的成长和未来，也才能在进步的过程中内心更加充实，无所畏惧，全力以赴做好人生中该做的事情。

遗憾的是，现实生活中，有太多的人对于人生有很多的奢望，他们陷入欲望的泥沼之中无法自拔，总是希望自己得到更多，收获更多。殊不知，命运总是公平的，它在给人关闭一扇门的同时，也会给人打开一扇窗。所以任何时候都不要为打翻的牛奶哭泣，而是要更加关注现在的生活，这样才能更加牢牢地把握住生活，也可以让自己的力量完全发挥出来，从而拥有与众不同的精彩人生。

很久以前，有个老翁生活在边塞，边塞上人来人往，因此马匹的生意很好做，因而，老翁专门做马匹生意，人称塞翁。

塞翁不但贩卖马匹，而且自己也养了很多马。有一天，塞翁的马群出去吃草，回来的时候少了一匹马，邻居们听到消息后，纷纷赶来安慰塞翁。塞翁却说："没关系，丢了一匹马，也许是好事情呢！"邻居们暗暗想道："这个老头肯定是因为伤心而麻木了，居然认为失去一马匹都没关系。"在当时，马匹是非常贵重的财产，普通人家里根本没有马。

没过几天，塞翁丢失的那匹马就回来了，而且还带回来一匹马。这匹马是枣红色的，一看就是胡人的高头骏马。看到塞翁平白无故多了一匹马，大家又赶去恭喜塞翁，没想到塞翁丝毫不觉得高兴，反而有些愁眉不展地说："平白无故多了一匹马，并不是一件好事情，反而有可能导致事情变得糟糕呢！"看着塞翁忧愁的样子，邻居们都觉得塞翁是在故弄玄虚，因此对塞翁说："丢了一匹马不伤心，现在得到一匹马还装作不高兴，可真是能装啊！"邻居们都生气地离开了，觉得塞翁不够真诚。

后来，塞翁唯一的儿子骑着胡人的骏马去集市上炫耀，结果马受到惊吓狂奔不止，把小主人从马背上摔下来，导致小主人摔断了腿。邻居们听说塞翁唯一的儿子把腿摔断了，都来安慰塞翁，塞翁却说："摔断了腿，性命保住了，也许是好事情！"大家这次都不觉得塞翁是在假装，而是觉得塞翁一定伤心过度导致头脑不清楚了，全都同情塞翁。然而，过去一段时间之后，胡人入侵，村子里的男性都应征入伍，塞翁的儿子却因为是个瘸腿而留了下来。结果，那些年轻人在打仗的时候都不幸去世，而塞翁却可以和儿子相依为命。

塞翁失马，焉知祸福？很多事情仅从表面看，根本不知道到底是好事情还是坏事情，实际上，每件事情都有两面性，既有有利的一面，也有不利的一面，最重要的是要把它一分为二看待。塞翁看待事情就能够做到一分为二，因此在失去一匹马的时候不觉得悲伤，在得到一匹马时不觉得惊喜，在儿子摔断了腿之后也能冷静面对。最终，事实证明一切正如塞翁所说的，好事有可能转化为坏事，而坏事也有可能转化为好事情。

面对纷繁复杂的世界，面对瞬息万变的一切，我们一定要怀着平常心从容应对，而不要因为小小的得到和失去就马上斤斤计较，唯有把心态放平，才能更加理性地面对这一切，也才能从容成熟地接纳一切。记住，人生的路从来不会顺遂如意，一个人也不可能只是得到，而从来不失去。只有坦然从容，只有淡定不焦虑，我们才能在人生的道路上获得更多的成长，拥有更多的收获。

面对生活，既要欢喜，也要平常

很多人面对生活的得失心特别重，他们常常希望从生活中获得更多，也希望在生活中只有收获，而没有失去。然而，实际上没有人可以只是得到，而从来不付出。面对人生的各种坎坷境遇，我们一定要更加全力以赴，从容不迫，才能在成长的道路上做得更好。任何时候，都不要小看人生的厄运，也不要小看人生小小的得失。要知道，人生总是会有未来的，只有不断地努力进取，全力以赴地前进，人生才能更加璀璨和充实。

记得江苏卫视《非诚勿扰》的主持人孟非写过一本书，名字就叫《随遇而安》。乍听起来，随遇而安似乎带着一些倦怠的意味，而实际上随遇而安与在人生之中努力奋斗和拼搏并不相违背。人，只有在该拼搏的时候拼搏，该懈怠的时候懈怠，才能更加全力以赴做好人生中该做的事情，真正地实现人生的最大成就。

随缘的人，对于人生不会有太多的执念，而是会更加从容淡然地面对人生，做到尽人力而听天命，也做到对于人生中的各种境遇坦然面对，绝不懈怠。古人云，“非淡泊无以明志，非宁静无以致远”，告诉我们淡泊明志、宁静致远是人生中的至高境界。任何时候，只有全力以赴做好自己该做的事情，才能更加友好地面对人生，也与人生交好。记住，面对人生，我们不但要有坦然的心境，更要拥有一份充实与宁静，这样才能在人生的道路上走得更好，也才能让人生有更加美好的未来。

很久以前，有一个智者非常喜欢一把小茶壶，因此平日里就常常拿着茶壶把玩。有一天，智者走路的时候不小心摔了一跤，把茶壶摔碎了，但是他却若无其事地继续去找人下棋。这个时候，家里人追上智者，对智者说：“你最喜欢的茶壶碎了，你难道不知道吗？”智者笑着说：“我当然知道。不过它已经碎了，我能怎么办呢？”说着，智者走开了。在与人下棋的时候，他专心致志，丝毫没有因为茶壶碎了而影响自己的心情，把对手杀得节节败退。这个时候，对手与智者开玩笑说：“你最心爱的茶壶碎了，你不会把气都撒到我的身上了吧！”智者笑起来，说：“茶壶碎了，我早就忘记了。要是把郁闷之气发到你的身上，那我心神涣散，根本赢不了这盘棋啊！”对手觉得智者说得有道理，连连点头。

做人，一定要拿得起放得下，如果总是在因为各种各样的事情而纠结，导致拿不起放不下，人生就会陷入进退两难的境遇之中。其实，人生最难的不是对于各种难题束手无策，而是对于很多问题都不能做到全力以赴。要想全力以赴解决问题，就要先坚定自己的心，当心犹豫不决，人生也就会进入各种瓶颈之中，无法获得更好的成长和发展。

记住，人生从来不是由起跑线决定的，既然如此，我们就要把心态摆正，也要端正各种观念，这样才能在成长过程中持续努力和进步，也才能更加全力以赴经营好人生的各个阶段。当然，这并非要求我们不以物喜，不以己悲，毕竟人生中有各种糟糕的境遇，也有很多值得感恩的事情。而是让我们要更加摆正心态，从容应对人生，才能让人生更加平静，也才能让自己更加坚定执着。记住，生命没有重来的机会，只有当机立断把该做的事情都做好，才能让人生绽放出耀眼的光彩。

舍弃自怨自怜，收获幸福知足

现实生活中，很多人都会抱怨自己的人生有太多的不幸，而实际上，对于普通平凡的生命而言，这样的不幸并非是不幸，而只是人生中常见的一种状态。最重要的在于，我们要端正心态，以正确的态度面对人生，唯有如此，才能在成长的历程中不断地提升，积累人生的经验，也让人生获得更好的成长和发展。记住，人生从来不会重来，只有不忘初心，砥砺前行，最终才能收获幸福人生，在无尽的生命中绽放独属于自己的神采。

一个人，如果总是自怨自怜，根本没有机会获得幸福与满足。只有舍弃自怨自怜，才能更加感受到生命的馈赠，也才可以在面对人生的过程中始终坚持做最好的自己。记住，生命不可重来，人生更是要坚定不移向前的，就像人们所说的，谁也无法阻挡历史的车轮滚滚向前，实际上，我们也不可能改变人生，更不可能在人生前进的道路上迷失。只有更加坚定不移地相信自己，只有拼尽全力去主宰命运，我们才能成为人生的掌舵手，才能在人生的道路上努力进取，持续向前。

很久以前，有个老太太已经年逾古稀，但是却每天都愁眉苦脸地坐在家门前。有一天，邻居出门的时候看到老太太忧愁的样子，忍不住问："老奶奶，您怎么了，怎么不高兴呢？"老太太说："我的大女儿是卖伞的，你看看，天气这么晴朗，艳阳高照，她怎么可能把伞卖出去啊！"邻居暗暗想道："老太太可真是为儿女操碎了心！"没过几天，天气转阴，下起雨来，老太太还是愁眉不展地坐在家门前。邻居又问："老奶奶，今天下雨，您家大女儿的伞一定很好卖，你为何还是这么忧愁呢？"老太太回答："我的小女儿是当导游的，这样的天气里，人们都不愿意出门，她的导游生意一定不好。"说着说着，老太太还掉下眼泪来。邻居说："老奶奶，您不要哭啊！其实您可以转念想一想，天气好的日子，你的小女儿导游生意很好，而等到天气不好的日子里，您的大女儿卖伞的生意就会很好。”听到邻居的安慰之后，老太太转念一想，不由得破涕为笑：“是啊，我家两个女儿，不管天气好坏，都有钱赚哈！”就这样，老奶奶变得开心起来，再也不无缘无故地忧愁了！

心若改变，世界也就随之改变。对于那些糟心的事情，对于人生中突如其来的很多打击，如果我们能够调整好心态从容地面对，就会在人生之中有更好的成长和表现。当然，要想改变客观万物是很困难的，最重要的在于，我们要积极地调整好心态，这样才能全力以赴把很多事情做好，否则如果总是这样消极地面对现实，总是对于现实感到悲观和绝望，那么我们的人生也就会被阴霾遮蔽，甚至完全陷入绝望之中。

现实生活中，每个人都有自己的烦恼，完全顺遂如意的人生是根本不存在的。既然如此，我们就要学会与烦恼相处，而不要因为烦恼来袭就马上让自己变得悲观绝望。记住，生命是一场漫长的旅程，而不是短暂的百米冲刺，因此生命从不取决于起点，而是取决于整个的努力过程。任何时候，尽管我们觉得艰难，也觉得活着很不容易，但不要轻易就放弃人生，而是要在成长的道路上不断地努力，持续地进取，最终才能迎来人生的柳暗花明。

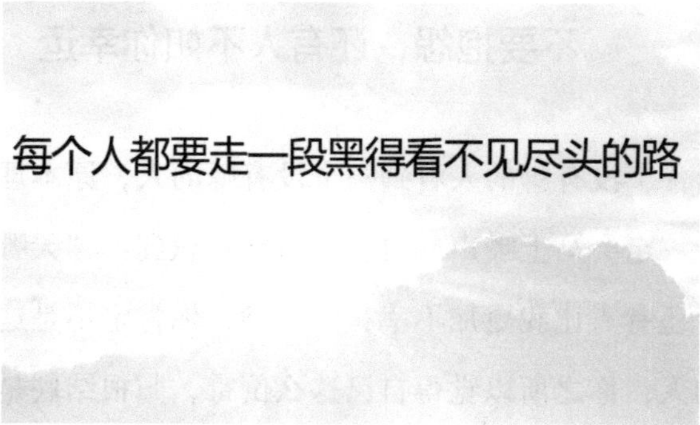

第05章

每个人都要走一段黑得看不见尽头的路

你可曾有过在浓雾里行走的经验呢？如果有过，当时你一定会非常害怕。因为特别浓的雾气，就像是无边的黑暗把周围包裹，常常会让人觉得这样的浓雾之中似乎蕴含着无限的危险。实际上，浓雾之所以让人恐惧，就在于其未知性。人生之所以让人恐惧，是因为人生中常常会有无边无际的黑暗，看不到头，也不知道在冲破黑暗之后即将面对什么。

不要抱怨，还有人不如你幸运

当一个没有脚的人看到一个没有腿的人，原本理直气壮抱怨的他，一定会马上噤声，也会惊讶地意识到：“天哪，原来这个世界上还有人比我更加不幸！”的确，你肯定不是这个世界上最不幸的人，你之所以觉得自己这么倒霉，归根结底是因为你鼠目寸光，眼睛里只看得到自己的不幸，而完全忽略了别人有可能承受着比你更加深重的痛苦。所以任何时候都不要抱怨，抱怨不但不利于解决问题，反而有可能导致问题变得更加糟糕和严峻。要想在人生的道路上有所收获，不断成长，你唯一需要做的就是戒掉抱怨的坏习惯，从而鼓起信心和勇气坚定不移地前行。

不管你是否亲眼见证过别人的不幸，你都要记住，这个世界上有人比你更加不幸。这样想来，你还有什么资格抱怨呢？想想那些在汶川地震中突然死去的人吧，他们也许前一刻还在幻想着美好的未来，后一刻却在在突如其来的厄运中失去了生命。任何时候，都不要抱怨人生苦短，而是要更加全力以赴经营好人生，给予自己美好的期望和憧憬。任何时候，人生都不可能盲目面对，我们一定要对人生怀着坚定不移的信念，也要富有决绝的勇气，这样才能在人生前进的过程中始终不忘初心，砥砺前行。

常言道，人若倒霉，喝口凉水都塞牙缝。实际上，这不是因为凉水真的塞牙缝，而是因为人在很多困厄面前常常会失去自我，也不能更加坚强独立。那么，要想战胜困厄，我们就一定要调整好心态，这样才能在前进的道路上不断地振奋精神，也才能在奋斗的过程中努力地成就自己。要记住，人生没有回头路可走，不管是坚定不移地向前，还是犹豫不决地行走，都要更加努力地面对自己，如此才能把握和掌控人生，才能一往无前奔赴最美好的未来。

在人生之中，不管遭遇怎样的困厄，都不要抱怨，抱怨除了让自己陷入更加糟糕的境遇之外，还会扰乱自己的心绪，导致自己哪怕非常努力，也根本无法扭转局面。在沙漠里，原本生存的机会很小，如果突然找到半瓶水，有人会为这半瓶水而感到庆幸，觉得自己可以多支撑一段时间，得到救援的机会也就更大，而有人会为这半瓶水而感到沮丧，觉得虽然有了这半瓶水，但是也不足以救活自己的命。在这样两种截然不同的心态影响下，尽管同样都是找到了半瓶水，但是人的命运迥异。

记住，当倒霉和你如影随形，一味地抱怨毫无作用，反而会让你更加与厄运相伴，只有真正地以积极的心态面对这一切，全力以赴做好自己该做的事情，相信好运最终一定会到来，你能守得云开见月明，在成长的道路上成就最优秀和杰出的自己。你不是最不幸的那一个，也不要总是自怨自怜，导致自己始终与厄运相随。至少，你还活着，还能亲眼看到花开，还能听到小鸟的婉转鸣叫，还能感受到生命的悸动，这一切才是最重要的。

知足常乐，大多数时候，人生都是不如意的，一定要更加全力以赴经营好人生，也要最大限度激发生命的潜能，去亲手创造美好的生活，如此才能得到生命的慷慨馈赠，也才能在成长的过程中不断地努力，迅速地成长。

公平从不针对任何人

古人云，不患寡而患不均，那么对于人生而言，得到怎样的对待才算是公平呢？对于公平，每个人都有自己的理解，也有自己的尺度和标准。但是真正的公平不针对任何人，也不为任何人服务，而是对于所有人都一视同仁。

在这个世界上，尽管人人都追求公平，也都先从公平的对待中获得成长，然而世界自身就不是根据公平原则建立的，所以这个世界上根本没有绝对的公平。作为独立的生命个体，我们每个人都在与他人相处，如果总是一味地追求绝对的公平，那么自己就会陷入烦恼的状态，也会因为追求公平而不得，导致自己郁郁寡欢，唉声叹气。实际上，从本心的角度而言，每个人都渴望成为命运的宠儿，希望得到命运特别的眷顾，也得到人生特别的收获。遗憾的是，这样的梦想根本不可能实现。因为没有人能配得上命运的特别偏爱和照顾，就连大名鼎鼎的微软创始人比尔盖茨都曾经说过，每个人都要接受和适应不公平的生活。由此可见，公平从来不针对任何人，也不会特别照顾和偏爱任何人。要想在这个世界上更好的生存，我们就要全力以赴经营好人生，也要最大限度给予生命最特别的对待和照顾。

萨拉·波哈特曾经是不折不扣的皇后，在四大剧院里，她都是那么骄傲，那么成功，因此，她从来没有试图想过自己有朝一日会被命运抛弃。就这样风光了大半生，到了古稀之年，她却遭到了命运惨痛的打击。她先是破产，后来因为身患疾病而导致肢体坏死，当医生告诉她必须截肢的时候，她只是平静地说："好吧，如果必须这么做的话！"不得不说，她是非常勇敢的，也是足够强大的。

当医生把她推入手术室的时候，她的儿子忍不住掉泪，她却不以为然地说："等着，我很快就会出来的。"为了帮助医生和护士缓解巨大的压力，她甚至在去往手术室的路上背诵台词给他们听。不得不说，她真的太强大了。大家都以为她在失去腿之后一定无法再次走上舞台，但是她没有，反而在世界范围内开始巡演，得到了无数观众的喜爱。对于积极乐观、始终满面笑容的她，有的人表示不理解，问她是如何承受这些打击的。她笑着回答："很简单，如果不能改变，那么就接受。"

的确，面对即将要截肢的厄运，即使她非常沮丧，也不知道如何才能改变这一切，但是她很清楚的一点是，如果不能改变，就要全盘接受。正是这样坦然接受的心态，让她在面对人生的困厄时始终都能坚定不移，勇往直前，也始终都能全力以赴做好自己该做的事情。记住，人生之中不可能每天都是晴朗的天，如果遇到阴雨连绵的日子，我们就一定要更加努力拼搏，也要学会奔跑，更好地把握自己，掌控命运。

很多人都喜欢珍珠，实际上，砂砾在进入河蚌身体的时候，河蚌是非常难受的，就像身体里有了一个异物，日日夜夜都在摩擦着它，这足以使我们相信，只要能选择，她一定会马上把砂砾扔得远远的。但是，河蚌没有其他的选择，它没有手可以把砂砾扔掉，就只能接受砂砾的存在。因此，在与砂砾相处的过程中，河蚌只能忍受无边的痛苦，直到它可以把砂砾作为自己的一部分，可以心平气和地接纳砂砾的存在，也可以用自己的分泌物把砂砾紧紧地包裹起来。正是因为如此，砂砾才能在河蚌的努力下初具珍珠的雏形，也才能最终形成为圆润光滑的珍珠。

这个世界是唯物主义的世界，在这个世界中，有些东西是我们可以改变的，有些东西则是我们无法改变的。要想让人生绽放出光彩，我们就要改变那些可以改变的，与此同时，也要学会接受那些不能改变的，唯有如此，我们才能更加友好地与人生相处，也才能避免与自己较劲。记住，生命的历程从来不可重来，在人生的道路上，我们唯有更加全力以赴做好该做的事情，激发自己的生命力量让人生绽放光彩，人生才会有更加快速的成长，未来也才会有更加美好的呈现。

打破极限，你才能超越别人的起点

人都是有极限的，但是极限却在我们还不知道的地方存在。要想让人生有更加美好的未来，我们要打破极限，超越自我，唯有如此，才能有更加美好的未来。很多时候人生都会陷入困境，这样的困境并非完全来自于外部世界，也有可能来自于我们的内心。正因为如此，才有人说每个人最大的敌人就是自己，只有突破和战胜自己，才能真正地让人生有更加美好的表现。所以不要让自己把自己困顿住，所谓天大地大，我们的人生也要辽阔无边。

曾经，有一只小青蛙生活在井底，他终日都在井底生存，因此从来没有看到过井上的天地。直到有一天，地面上的一只小青蛙被雨水冲入到井底，这才告诉井底之蛙外面的世界非常开阔，井底之蛙鼓起勇气到了地面上一看，不由得吓到了，因为他从来不知道世界居然有这么大啊！从此之后，井底之蛙就生存在外面的大千世界里，再也不愿意回到井底。很多细心的人会发现，每年大学生开学季，很多来自农村的孩子尽管学习成绩非常优秀，但是初到大城市里读书，却显得有些木楞。这就是因为他们还不知道自己的局限，也丝毫没有眼界。而等到读书一段时间之后，他们就会渐渐变得大方，也会变得越来越坦然从容，这就是因为他们生存的天地大了，所以在面对人生中的很多困境时也能做到从容不迫，在面对未来的时候也会充满憧憬，绝不轻易放弃。

在一个马戏团里，有一只大象被一根绳子拴在石头上。这个绳子并不是很粗，而大象那么大，绳子是如何拴住大象的呢？只要大象爆发出力量，甚至连柱子都可以推翻。那么，这根绳子到底有什么魔力，能够把大象栓住呢？

有个男孩特别喜欢大象，因此跑到后台来看大象，他对台主说："大象这么大，怎么只能用绳子拴着呢？"台主笑起来，说："以前，大象是用大铁链子拴住的，每次它想要逃跑的时候，都会因为努力挣脱铁链子，而导致腿部很疼。后来，我们改用绳子拴着大象，它误以为一旦想要挣脱，就也会很疼，因此它就再也没有尝试过。"男孩恍然大悟，原来大象是被局限住了，所以对于自己的力量根本毫不知情。

在这个事例中，如果大象真的发狂，这根小小的绳子能够栓得住它吗？当然不能。实际上，拴住大象的不是绳子，而是大象的心。它已经不敢努力去尝试，而是这样心甘情愿被俘虏。在现实生活中，很多人也有这样的心理现象发生，即他们对自己进行限定，觉得自己对于很多事情根本无法做到最好，却不知道每个人的能量都是超乎寻常的。

做人，一定不要坐井观天，否则就会自己把自己限制住，导致自己在成长的过程中发展受到限制。更多的时候，我们要学会提升和扩大自己的内心，也要让自己变得更加坚定勇敢，才能一往无前地去做很多事情。曾经，有一个士兵去送信给拿破仑，因为一路上都在狂奔，所以在见到拿破仑之前，这名士兵的马就已经死了。后来，拿破仑看了信之后当即提笔回信，并且让士兵骑着他的马匹尽快把回信送回去。这个时候，士兵连声拒绝，原来他觉得拿破仑的马匹不是一名普通士兵所能骑的。实际上，士兵有这种想法，就是自我限定。他们把自己看得过于卑微，也把拿破仑和他的马看得过于高贵。实际上，人从一出生就是平等的，并没有高低贵贱之分。很多人之所以觉得自己高贵或者卑贱，这完全是他们的错误想法。

人，既不要妄自菲薄，也不要妄自尊大。任何时候，每个人要想获得成功的人生，一定要全力以赴做好自己该做的事情，也要拼尽全力地把该做的事情做好。这样才有可能向着人生的伟大目标不断地努力前进，也才能在成长的道路上真正地提升和完善自己。记住，当你把命运控制在手掌心，你的未来才会更加璀璨辉煌，你的人生才会充实精彩！

有才华，就不会怀才不遇

在现实生活中，总有些人自恃有才华，梦想着要从人生之中获得更多的成长和更大的进步空间。但是，理想是丰满的，现实是骨感的，他们常常被残酷的现实打败，对于人生根本不知道应该如何进步和成长。其实，对于人生而言，一味地陷入被动的状态之中，对于人生是很不利的，与其守株待兔等着伯乐来赏识自己，不如有的放矢地提升能力，全力以赴完成自己的梦想，这才是更加重要的。

一个真正有才华的人，就不会怀才不遇，因为他的梦想很充实，也是因为他能够当机立断展开实际行动。记住，梦想再远大，如果没有实际行动作为支撑，就会变成空想，甚至是幻想。有人说，怀才就像是怀孕，必须要经历十月怀胎，才能更加努力地面对自己，真正经营好人生。既然如此，为何还有那么多的人总是怀才不遇，黯然神伤呢？就是因为他们对于自己没有正确的认知，也不能在人生的道路上不忘初心，砥砺前行。他们总是盲目自大，或者妄自菲薄，而只有客观公正地认识自己，把自己的才华发挥得恰到好处，这样的人生才会更有成就，也才会更加精彩。

大学毕业后，刘娜进入了一家公司工作。因为刚刚毕业，没有工作经验，所以她在工作上需要学习的东西很多。不过刘娜也有一个优势，那就是在整个办公室里，她的学历是最高的。因此，在分配一个项目的时候，领导特意让刘娜和老张搭档，一起通力合作完成项目。老张在和刘娜搭档之后，非常有礼貌地说："刘娜，你可是高材生，我有哪里做得不对的，你一定要告诉我，我来向着你学习。"刘娜忍不住沾沾自喜起来："没问题的，张老师，咱们互相学习！"在项目推进过程中，每当与张老师有分歧的时候，刘娜总是毫不迟疑地提出来。结果，刘娜与老张很快不欢而散，而老张更是找到老总，说宁愿不干这个项目，也不要和刘娜搭档。刘娜也很委屈，她觉得自己是有才华的，为何就不被赏识呢？

时间转眼之间过去五年，今日的刘娜已经和曾经的刘娜不可同日而语。她已经成为了公司的中层管理者，也成为了公司的老员工。每当有新员工再说自己怀才不遇的时候，刘娜就会告诉新员工："这个世界上根本没有怀才不遇这件事情，怕就怕你误以为自己有才华！"

的确，从一个职场新人成长起来，刘娜用了五年的时间，而对于刘娜来说，这样的成长也是付出了很多的辛苦和努力。当然，对于人生而言，没有人可以不劳而获，只有持续地努力，坚持进取，才能不忘初心，才能脚踏实地地成长。

一个真正有才华的人，就像金子一样，不管埋在哪里，都会有璀璨的光芒。而对于年轻人来说，只有更加全力以赴经营好人生，只有一点一滴地积累和坚持进步，才能把事情做好，才能真正地完成自己的心愿，努力做好自己该做的事情。记住，命运从来不会特别偏爱一个人，也不会对于某个人完全置之不顾。任何时候，我们都要努力做好准备，随时随地都要全力以赴做好自己该做的事情，才能在机会到来的时候真正抓住机会。否则，如果总是白白浪费宝贵的生命时光，总是在人生的道路上走很多的弯路，不愿意回头，那么人生就会失去很多千载难逢的好机会，发展和成长都会受到阻碍。

记住，人生中不要把相同的错误犯两次，也不要在同一个地方跌倒两次。在人生之中感到不如意的时候，不要总是抱怨外部的客观环境，而是要更加认清楚自己的内心，知道自己之所以有今日的成就，都是因为此前的脚踏实地。这样一来，就要戒骄戒躁，才能更加全力以赴面对人生，也才能更加用心地做好自己该做的事情，有更加快速的成长和更美好且值得期待的未来。

心大了，困难就小了

现实生活中，每个人都会遇到各种各样的困难，真正顺遂如意的人生是根本不存在的，每个人不可能就这样在平顺的道路上向前走，而很有可能会遭遇困境，甚至会在人生之中遇到各种各样的意外打击。面对这些困厄，有的人采取积极的态度面对，有的人则采取消极的态度面对，因为面对困厄的态度不同，所以每个人成长的方式与最终获得的结果也截然不同。然而，现实告诉我们，心大了，困难就小了。也许困难是不容易迈过去、很难战胜的，但是没关系，只要我们摆正心态，采取正确的方法去面对，总是能够找到办法解决问题，也真正地让自己的人生获得成长和发展。

从本质上而言，如果心小了，困难就会被无限放大。反之，如果心大了，困难就会变小。在实际的情况之中，困难各不相同，而且每一种困难应采取的态度也截然不同。那么作为人生中最宝贵的现实情况，我们就要全力以赴做好自己该做的事情，才能时刻准备着，也才能在机会到来的时候勇敢无畏地抓住机会，解决困难。也有一些朋友会把困难埋藏在心底，导致自己的内心因此而郁郁寡欢，或者是因此而承受着巨大的压力，导致人生呈现出乏力的状态。

从心理学的角度而言，每个人要想在成长过程中战胜困厄，就要面临形形色色的困难。例如，他们会在成长过程中失去自我，也会因为成长而导致面对更多的困境。实际上，每个人在解决难题之前，都会先对自己进行评估，例如衡量自己的能力是否足以战胜困难，衡量自己的未来是否会有更加糟糕的情况。在进行这样的评估之后，人们或者鼓起信心和勇气战胜困难，或者在困难面前败下阵来，感到畏缩和怯懦，这些都是有可能的。

把困难放大而把自己的能力缩小的情况，在心理学上叫做困难放大效应。顾名思义，所谓困难放大，就是把一件事情的难度加大，而自己变得胆小怯懦、无法面对。当然，在这样的畏惧和退缩状态下，很多人都会对于自己产生怀疑，也会对于未来感到怯懦。正如人们常说的，困难像弹簧，你强它就弱，你弱它就强。在这种情况下，不要总是对着困难缴械投降，而是要更加全力以赴地把艰难的事情做好，也让未来拥有更加辽阔的天地。

当然，困难即使再强大，战胜困难也绝非不可能。常言道，千里之堤，溃于蚁穴，蚂蚁的力量虽然非常小，却懂得积小成多，把整个大堤都挖空，导致堤坝决堤。做人，固然比蚂蚁的力量大了很多，却也要有积沙成塔的精神，从而把渺小的力量都积聚起来，最终形成为非常强大的力量。

大学毕业后，艾磊进入了一家报社工作，成为了实习记者。艾磊在大学期间学习的就是新闻专业，因此当记者是艾磊一直以来的梦想，也是艾磊最喜欢做的事情。但是，在报社里做了一段时间的基础工作后，当艾磊终于接到命令要去采访一位重要的大人物时，他却感到恐惧和迟疑，迟迟不愿意行动，这是为什么呢？

原本，主编给艾磊一个星期的时间完成采访任务，但是眼看着时间已经过去了五天，艾磊却依然按兵不动。主编忍不住催促艾磊："艾磊，你打算什么时候去采访？"艾磊为难地说："我很想现在就去，但是我真的很害怕。"主编忍不住笑起来："大人物又不吃人，你为何要害怕呢？"艾磊说："我就是觉得大人物那么高高在上的，我作为一个初出茅庐的小记者，甚至还处于实习期呢，根本没有资格去采访大人物！"听到艾磊的话，主编说："你要是这么想，那可真是把自己看得太低了。要知道，人生有很多的困境，你只有把自己看大一些，才能把这些困境看小。否则，你总是这样畏缩，如何能成为一个优秀的记者？未来，你还会有很多机会必须与那些大人物打交道！"就这样，艾磊鼓起勇气给大人物打电话，自报家门之后，出乎意料的是，大人物非常愿意配合采访，还说要派车来接艾磊呢！艾磊受宠若惊，也真正意识到自己作为一名记者的分量和地位！

如果一直都拖延着不愿意给大人物打电话预约采访的时间，那么艾磊永远也不知道自己作为一个实习的小记者，也会得到他人的喜爱和支持。很多事情，一定要去做，而且在做之前为了避免产生畏难的心理，一定不要无限度地放大困难，而是要更加全力以赴做好自己该做的事情，这样才能把心放大，把困难变小。

现实生活中，未雨绸缪固然是重要的，但是却不要杞人忧天。如果事情还没有开始做，就因为畏惧和害怕，而让自己的人生面临很多的困顿，让自己心生怯懦，畏缩着不愿意向前，则时间久了难免会感到害怕，也会因此让自己对人生更加缩手缩脚。记住，事情还没有到最后一刻的时候，没有人会知道结果，也没有人能够预见到结果。只有摆正心态，端正态度，从容不迫地面对很多事情，人生才会进入更加美好的境遇，未来也才会更加值得期待和憧憬。

带着决绝的勇气战胜困境

很多人对于人生都感到心虚，因为他们不知道自己在人生的道路上将会经历和遭遇什么，也不知道在未来的人生道路上自己将会遇到怎样的坎坷与挫折。实际上，该来的总会来，哪怕我们每天都在忧愁焦虑，有些事情也是不可避免会发生的，而且这些事情的结果也不会因为我们的忧愁焦虑就有更好的改变。在现实生活中，我们一定要学会以端正的心态面对人生，尤其是在遇到困难的时候，更是要带着决绝的勇气战胜困境，而不要总是在人生的绝境中迷失自我，也失去继续勇敢面对生活的信心和勇气。

曾经有心理学家对人们的焦虑进行调查，发现大多数人所担忧的事情都不会发生，而那些注定要发生的事情也不会因为人们的担忧而发生任何改变。其实，在事情没有发生之前先设想最糟糕的情况是可行的，因为这样可以在心中做好最坏的准备和打算，也可以在命运发生不测的时候全力以赴弥补后果。但是，不要因为做最坏的打算就对于人生中的很多事情怀着恐惧的态度，要弄清楚，设想的目的是做好准备接受一切，而不要让自己的心被恐惧胁迫着，再也无法全力以赴做好该做的事情。

有些人喜欢在事情还没有切实去做之前，就把事情想得太过美好，实际上，这样的美好一旦遭遇糟糕的结果，就会导致自己的心理出现落差。所以真正明智的人不会盲目乐观，也不会盲目悲观，而是做好最坏的准备和打算，然后向着最好的结果去努力，这才是最重要的。此外还需要注意的是，事情在发展变化的过程中，谁也不能确定事情将会朝着坏的方向发展还是朝着好的方向发展，实际上好与坏的概率各为50%。在这种情况下，与其一味地因为对于人生的设想而沮丧或者惊喜，不如摆正心态接受这一切，置之死地而后生，这样自己才能勇敢无畏面对一切结果的出现，对于人生也会有更加强有力地把控和对待。

长期郁郁寡欢的心情，对于人的身体会起到严重的负面影响作用。例如，有的人会因为心情长期压抑而患上严重的胃溃疡，因此很多医学专家在给病人治疗胃溃疡的时候，虽然已经对症下药，但是却没有良好的效果。这是因为病人的胃溃疡症状并不是因为身体上的病因导致的，而是由精神因素诱发的。对于这种类型的胃溃疡，病人如果能够调整好心情，愉悦地生活，他们就能够在心情好转的同时，让胃溃疡也神奇地愈合。当然，做好最坏的准备和打算，可以有效帮助我们放松紧张焦虑的状态。因为如果一个人已经能够接受最坏的结果，而且对于即将发生的一切也完全怀着轻松和坦然的态度，那么他们就会变得非常强大且不可战胜。

在电影《七十七天》之中，唯美的画面让每个观众都忍不住屏息凝气。作为徒步穿越无人区的男主角，在面对天地苍茫唯一人独行的壮阔人生时，内心深处也波澜起伏。不得不说，独自一人穿越无人区的确是非常伟大的壮举，要面临生命无常的困境，也要面临各种可怕的绝境。但是，主人公一直都没有放弃，而是继续努力向前。尤其是当同样饥肠辘辘的他被两只饿狼紧紧跟随的时候，相信所有观众都会为他紧紧地捏着一把汗。其实，相比起七十七天的无人区穿越，在人生的漫长旅程中，每个人所面临的危险并不会少，反而有可能更多。既然如此，我们每个人也要像穿越无人区一样打起精神来面对人生的各种坎坷境遇。

当然，对于每个人而言，人生中最美好和最糟糕的境遇，并没有一定的标准去界定。这主要是因为每个人对于人生的理解不同，也是因为每个人对于人生的感悟有深刻有肤浅。对于那些最糟糕的结果，每个人的定义也是不同的。例如面对同样的事情，有的人觉得是最糟糕的，有的人却觉得是可以接受的，这就是生命的个体差异在发生作用。但是不管对于谁而言，“宝剑锋从磨砺出，梅花香自苦寒来”。一个人只有饱尝生命的磨难和艰辛，而始终都坚持不放弃，才能最大限度调整好心态，端正对于人生的态度，也才能真正给予人生更多的成长可能性。

第06章

做自己，放下不属于你的东西

人生最大的成功是什么？不是活成别人的样子，而是拥有独属于自己的精彩人生，活出自己最想要的样子。这句话说起来容易，真正做起来却很难。这是因为人是群居动物，每个人都在社会中生活，都很在意和顾及别人的感受、评价等，因而无形中迷失了自我，也在成长的道路上偏离了自己的初心。其实，要想做自己，就要放下不属于自己的东西，就要坚定不移地在人生的道路上勇往直前，最终奔向人生的目的地。

用有限的精力过好精彩的人生

此时此刻，如果有人问你“你的人生成功吗”，你会怎么回答？你大概会愣怔一下，因为活了这么久，你很有可能还从未认真地思考过自己的人生是否成功。提到这个问题，就不得不说起什么才是成功。实际上，每个人都是独立的生命个体，每个人对于成功的定义都不可避免地带有自己的色彩，也带有强烈的主观态度。因此，每个人对于人生是否成功都有自己的理解和感悟，也有自己的定义和标准。所以，每个人的成功也是截然不同的。

但是，如果有人问你是否想要拥有成功的人生，相信你一定会不假思索地点点头，毕竟每个人都想要拥有成功的人生，这一点是毋庸置疑，也是无可厚非的。遗憾的是，大多数人追求成功而不得，虽然很想要获得成功，却在奔向成功的过程中迷失了自己。如何才能用乐观的态度过好精彩的人生，这是一个难题，必须要慎重对待。

大多数人对于成功的定义都无外乎以下几个方面，例如事业有成，生活幸福，爱情丰收，再有可爱的儿女，人生几乎没有什么遗憾了。然而，这看似简单的几个大项目，实际上对于人生的影响却是很大的，而且要想在这个方面都取得说得过去的傲人成果，也是很难的。正因为如此，人人都渴望成功，人人又都会在追求成功的过程中迷失自我。要想坚定不移地奔向成功，我们就要全力以赴去努力，抓住一切一闪即逝的好机会，这样才能积累自己成功的资本，也才能在成功地道路上不忘初心，砥砺前行。

在毕业典礼上，哈佛大学的校长曾经语重心长地告诫每一个毕业生："人生的道路很长，你可以给自己留下退路，但是你一定要先去做喜欢的事情，而不要一开始就先怯场！"的确，人生短暂，等到真正感受到光阴易逝的时候，我们往往就没有机会去挽回命运。只有全力以赴做好自己想做且热爱的事情，我们才能最大限度接近成功，也才能在人生的历程中活出独属于自己的精彩与辉煌。

每个人都有自己的理想，也有自己的兴趣爱好。在没有把兴趣爱好发展成为理想之前，我们依然可以专心致志做自己感兴趣的事情，这不会影响热情的发挥，也不会影响结果。最重要的是，我们要认识到人生的道路短暂，这样才能争分夺秒抓紧生命的时光，做自己想做的事情。正如有人所说的，健康的身体是1，其他的一切都是0。实际上，健康的身体就是生命，只有在生命健康的基础之上，我们才能拥有其他的一切。否则当生命归零，拥有得再多又有什么意义呢？只会使人徒增烦恼而已。

不管是对待生活还是对待工作，我们都要怀着十足的热忱和真挚的热爱。正如人们常说的，兴趣是最好的老师，如果一个人对于人生始终缺乏兴趣，也没有热情，那么可想而知不管他做什么事情都不可能真正做好。为此，我们一定要怀着积极的热情，这样才能在生命的历程中最大限度爆发出力量，也才能在成长的道路上执着前行，不断进取和努力。作为苹果的创始人，乔布斯享有很高的声誉。在斯坦福大学给学生们进行演讲的时候，乔布斯告诉每一位学生，只有找到自己所热爱的东西，人生才会有无限的希望和可能性。也许乔布斯正是因为热爱自己的事业，所以后来才会做出那么伟大的成绩。当然，坚持的过程是痛苦的，坚持自己喜欢的事情，还可以从中得到安慰和满足。反之，如果坚持的事情是自己不喜欢的甚至是厌恶的，那么就会从中感受到不满和遗憾，以及无聊乏味等等滋味，这些滋味对于帮助人坚持没有任何好处，反而会让人更快速地放弃。任何时候，我们都要坚持做喜欢的事情，这样我们的生命才会熠熠闪光。

选择喜欢的事情去做

对于每个人来说，时间和精力都是有限的，如何把有限的时间和精力投入到生命中最重要的事情上，这是一门艺术，也是一门学问。如何提升做事情的效率，做到事半功倍，这更讲究技巧和能力。实际上，人生是没有捷径可走的，要想让一切更加高效，最重要的在于我们要遵从心的指引，选择喜欢的事情去做，这样才能最大限度提升自己的热情，也才能让自己全力以赴投入到生命的最佳状态，做到最好。

在2015年10月5日，是全中国都感到非常荣耀的一天，作为中国伟大的医药学家，屠呦呦成功的获得了诺贝尔生理学和医学奖。在中国历史上，屠呦呦成为走上诺贝尔科学奖领奖台的第一位中国本土科学家。一时之间，举国沸腾，很多家媒体都争先报道了屠呦呦获得诺贝尔奖的事实。屠呦呦是土生土长的科学家，她甚至没有留学背景，也没有博士学位和院士头衔。她只是数十年如一日地在科学的领域耕耘，因此也有人赞誉她是“三无”科学家，这与她所取得的伟大成就相比，不仅是她的骄傲，也是全中国的骄傲。

当然，也有人会质疑屠呦呦：既然是三无科学家，为何还要穷尽一生坚持研究医药学呢？难道很多人刻苦钻研做学问，不就是为了出名得利吗？不就是为了在某些方面留下自己的鼎鼎大名吗？实际上，屠呦呦真的不是。1951年考入北京大学医学院时，屠呦呦纯粹是因为热爱才选择报考药物学系药学专业。原来，屠呦呦一直对于中医药特别热爱，而这个专业是距离中医药最近的专业。因为热爱，她在专业上投入了大量的时间和精力，也为了研究很多学术问题而废寝忘食。即便获得了诺贝尔奖，一下子成为举世瞩目的科学家，屠呦呦也并不关注名利，而是庆幸自己发现的青蒿素，能够挽救无数疟疾者宝贵的生命。如果不是热爱，屠呦呦怎么能在枯燥乏味的中医药研究领域做出这么伟大的贡献呢？

人，最重要的不是做能够成功的事业，而是要坚持自己的内心，从而做自己真正热爱和喜欢的事业。当从事自己喜欢的工作时，我们才能从中感受到乐趣，也才能从中感受到投入和专注的魅力。古今中外，无数成功者之所以能够获得成功，并不是因为他们独具天赋，也不是因为他们有着过人之处，更不是因为他们得到了命运的眷顾，而只是因为他们对于人生始终怀着热爱，也对于自己的事业始终满心欢喜。在兴趣和热情的支撑下，他们哪怕从事着枯燥的工作，也从来不觉得辛苦。例如居里夫人为了提取出镭，经常要提炼很多的沥青；爱迪生为了发明电灯，尝试了一千多种材料、进行了七千多次实验进行科学研究。不得不说，是热情始终在支撑着他们，也是对于所从事事业的热爱，让他们不管多么辛苦努力，都绝不放弃，毫不懈怠。

所谓成功，不是为了成功而成功，而是选择自己真正喜欢的事业，全心全意地投入其中，哪怕在进行的过程中会遇到很多的困难和阻碍，也坚决不放弃，而是就这样努力向前，勇敢无畏。也可以说，这样的成功是不带有功利心的，那么纯洁、无私地付出，才能成就最美好的成功。人们常说，有心栽花花不开，无心插柳柳成荫，实际上也正告诉我们做事情的时候必须没有功利心，把心态摆正放平，从而才能更加全力以赴面对未来，也才能更加全身心投入做好自己该做的事情。记住，这个世界上从未有一蹴而就的成功，更没有天上掉馅饼的好事情。任何时候，我们都要保持积极付出的态度，也要在做的过程中排除万难，坚持不懈，才能越来越接近成功，也才能更加绽放精彩。

坚定不移，找到自己的所爱

人生之中，我们常常会感到迷惘，不知道自己坚持去做的事情能否做到最好，也不知道自己在面对人生的时候，是否会遇到很多未知的障碍和伤害。实际上，这样的人生之所以总是茫然，并非是因为外部环境的影响，而是因为内心的迷惘。人生如同在迷雾中穿行一样让我们无法对于自己的心看得真切，不要着急，要耐心地等待，这样也许就能坚定不移地等来自己的所爱。就像年轻人寻找爱情需要缘分一样，有的时候，我们在人生中的很多境遇也是需要缘分的。缘分到了，一切就水到渠成，缘分不到，一切就会变得很盲目，也会因此而陷入各种困境之中。

人的本能情绪之一就是恐惧，在感到恐惧的时候，心跳会加速，血压会升高，瞳孔也会放大。尤其是肾上腺素的大量分泌，更容易激发出人的潜能，因此帮助人在恐惧的状态下做出本能的反应。当然，现实生活中让我们恐惧的事情很多，但是它们并不会总是发生，和恐惧相比，紧张和焦虑是现代人更为常见的通病。毫无疑问，紧张和焦虑的急迫程度不如恐惧，但是紧张和焦虑却会持续很长的时间。因此，紧张和焦虑对于人的负面影响其实是很大的，有心理学家指出当一个人长期处于焦虑的情绪之中，他就会患上严重的胃溃疡。因此，为了身体健康和精神健康着想，我们应该有意识地消除紧张和焦虑的情绪，从而才能保持情绪的平静，也让自己的人生更加坦然从容。

尤其在现代的职场上，工作的节奏越来越快，生存的压力越来越大，尤其是竞争日益激烈，导致很多年轻人在工作的过程中都承受着巨大的压力，每天辛辛苦苦、忙碌操劳，却对于未来没有把握，这样的感觉真的很糟糕。因此，大多数人的心态都变得很浮躁，他们抱怨自己为何没有马云当爸爸，抱怨自己为何不能考取更好的名牌大学，抱怨自己从来不如朋友圈里的那些人活得潇洒，也抱怨自己身心俱疲，疲惫不堪。实际上对于年轻人而言，迷茫是一种很正常的状态，一则是因为整个时代都处于飞速的发展和变化之中，让人应接不暇，二则也是因为人在成长的状态之中，对于很多事情了解不够透彻，对于人生也没有太清醒和深刻的认知，所以迷惘就成为常态。

摩西奶奶七十多岁才拿起画笔，成为了一个举世闻名的画家，难道她就没有过迷惘吗？当然不是。摩西奶奶年轻的时候也曾经非常迷惘，她不知道自己的人生将会是怎样的，也不知道自己的人生未来要面临怎样的情形，因此她非常忧愁焦虑，也常常会在对人生感到无望的时候陷入绝望和困顿之中。然而，即便如此，摩西奶奶也没有放弃心底的希望，她总是对于生活充满热情，也对于未来满怀热心。直到若干年后，她已经年逾古稀，这才意识到自己因为眼疾不能再绣花，还可以拿起画笔来画画。就这样，摩西奶奶的人生由此掀开了崭新的篇章，变得与众不同。

作为年轻人，在对未来感到迷惘和困惑的时候，不如想一想摩西奶奶。如果说摩西奶奶直到七十多岁才拿起画笔打开人生的画卷都不算晚，那么你的人生怎么可能会晚呢？记住，人生何时开始都不算晚，只要我们能够坚持自己的内心，始终都在成长和进步，那么人生终将会以更加绚烂的姿态展现在我们的面前，也会给予我们的人生更多的成长机会和发展可能性。

要想改变迷惘的状态，我们还应该打开自己的心胸，从而让自己避免患得患失。人生一定要有大格局，这样才能对于未来有着清晰的设想和规划，也才能在遭遇困境的时候，得到希望之光的指引。记住，你只管努力，命运自有安排。即使你现在对于自己想要拥有怎样的人生不甚了解，你们也依然可以全力以赴做好该做的事情，从而更加坚定执着地前行，勇敢无畏地进取。

任由时光流逝，也要做好自己

在这个世界上，如果说一定有什么东西对于每个人都是绝对公平的，那就是时间。时间总是滴滴答答不断地向前流淌，从来不因任何人而停留。看起来，时间一分一秒地过去，似乎走得很慢，实际上人生短暂得如同白驹过隙，总是会在不知不觉间就偷偷溜走，使得我们在生命的历程无形中就成为时间的追赶者，不知道如何去做才能更好地把握和掌控人生。

朱自清曾经写过一篇散文，名为《匆匆》。在这篇散文里，朱自清表达了对于时光流淌的忧愁和焦虑，也不知道如何去做，才能更好地把握时间。实际上，每个人都面临着这样的情况，因为如果不能把握住生命的时光，那么就会导致生命的极大浪费。不可否认，时光的流逝是让人内心非常惶恐的，只有不断地努力崛起，坚持奋斗，我们在人生之中才会有更多的收获和成就，也才会获得更好的成长和美好的未来。当被时光催促着不断向前的时候，不要紧张焦虑，既要珍惜时间，也要坚定不移地做好自己，守护自己的内心，这才是最重要的。

现代社会发展速度非常快，很多人都觉得时光匆匆，做好自己很难。所谓岁月催人老，似乎很多事情再不做，就错过了好时机。殊不知，所谓的好时机完全是因人而异，对于别人而言的好时机，对于你而言未必就是好时机。因此，我们固然要作为社会中人群的一员去生活，也要努力坚守自己的内心，这样才能更加从容地做好该做的事情。尤其很多事情，不要人云亦云，更不要盲目随大流，否则虽然符合了别人对于生命的预期，自己却会陷入困顿之中无法自拔。

作为一个不折不扣的大龄剩女，亚娟每次回家的时候都会遭遇父母和亲戚朋友的逼婚，因此她最发愁的事情就是回家过年，因为没有在外面生活来得自在清净。这不，亚娟才回到家里，大姨又来给亚娟提亲。对方是当地的公务员，亚娟当然看不上眼，虽然公务员对于家里的很多女孩而言都是找对象的不二之选，但是亚娟有更高的理想和志向，也不想因婚姻就把自己束缚在家里。因此，亚娟委婉拒绝了大姨的好意，大姨居然生气起来："你这个丫头都已经成为老姑娘了还不着急，将来可怎么办呢？”

后来，大姨又发动其他亲戚来劝说亚娟赶紧找对象，气得亚娟一个劲地懊悔自己回家过年的时候怎么没租个男朋友呢！一年又一年，亚娟还是没有扛住来自四面八方的压力，找了个条件相当的中年男性就匆匆忙忙地结婚了。然而，因为婚前相互了解太少，婚后才没过几个月，亚娟就发现自己与对方完全合不来，在痛苦地纠结了半年之后，他们选择好合好散，和平离婚。亚娟很后悔当初没有坚持自己的想法等到合适的人，而是如此匆忙草率地就决定了终身大事。让她感到惊讶的是，那些曾经火急火燎催着她结婚的亲戚朋友们，看到她如今变成单身状态，反而在她面前绝口不提与结婚有关的事情，亚娟不由得哑然失笑。

在这个事例中，亚娟对于爱情原本是有自己的理想和坚持的，但是因为身边的人总是催促亚娟解决终身大事，导致亚娟不堪其扰，被催着催着心中也就失去了淡定从容，因而一头扎入婚姻之中，最终却又因为婚姻不幸福而恢复到单身状态。的确，每个人都生活在人群之中，都难以避免要受到身边很多人的影响和关注。因此，当身边产生流言蜚语的时候，很少有人能够做到完全笃定，丝毫不受影响。但是，尽管我们要照顾身边人的想法努力地做好自己，却也不要过分焦虑，而是应该全力以赴做好自己该做的事情，坚持自己的原则和底线，这样才能在有朝一日做出慎重的决定并承担后果的时候，无怨无悔。

对于自由，每个人都有不同的理解。有人渴望绝对的自由，不想受到任何法律和道德的约束，有人渴望经济上的自由，因此对于金钱总是无限度追求。而实际上，真正的自由是相对的自由，是在法律和道德约束内的自由。在适度的范围内，我们还要坚持做自己，而不要因为别人随意的评价就改变自己做人做事的原则，这显然是被他人的评价束缚和禁锢住了，而不是真的自由。

既要宽宥别人，也要宽宥自己

现实生活中，不同的人之间很容易发生各种各样的矛盾和争执，如果总是因为这些矛盾和争执而与他人之间发生各种摩擦，那么渐渐地，这些鸡毛蒜皮、不值一提的事情就会给我们的生活带来无尽的困扰，也会导致我们的人生陷入被动的状态之中无法自拔。实际上，做人一定要宽容。不但要宽容别人，也要宽容自己，这样才能真正做到心中有天地，也才能做到人生不局限。换而言之，只有拥有大格局的人，才能避免斤斤计较。既然人生中有那么多美好的事情等着我们去发现和争取，我们为何还要局限于各种小事情之中，让自己变得无限苦恼和懊丧呢？

有人说人生是一趟未知的旅程，谁也不知道人生的终点将会出现在哪里；有人说人生是一本书，必须一页一页地细细读来，才能在生命历程中拥有更好的成长和发展。然而，不管人生是旅程还是书，我们都要亲自去经历，而不能让任何人取代。当我们到达山巅，当我们从书中汲取精神的力量站在巨人的肩膀上，我们不但地位变得更高，也要全力以赴做得更好，唯有如此，我们才能在不断成长的过程中成就自己，扩大格局，让人生变得更加开阔。

实际上，很多时候人与人之间发生矛盾，并非是因为那些特别大的事情，而很有可能是因为鸡毛蒜皮的事。例如夫妻之间也许会因为一件事情吵得不可开交，但是等到冷静下来的时候，却发现彼此都已经忘了引发争吵和矛盾的由头。这样一来，人生自然会陷入被动的状态，也会导致人生变得无路可走。正如人们常说的，进一步万丈危悬，退一步海阔天空。在人生的历程中，如果我们始终都能让自己心胸开阔，就可以避免那些毫无意义的争执和对人际关系产生破坏力和杀伤力极大的矛盾。由此可见，良好的心态是多么重要，不但可以让人在生命历程中无怨无悔，也可以让人获得真正的幸福和满足。

小雪有一个非常英俊帅气的老公，而且还有一个非常漂亮可爱的女儿。最重要的是，老公把小雪当女儿一样疼爱，因此小雪几乎每天都像泡在蜜罐里一样。然而，也许是因为小雪的人生太过顺遂，连命运都嫉妒她吧，没过多久，小雪的老公就因为一场突如其来的车祸而去世。小雪简直悲痛欲绝，整整三个月的时间里茶饭不思，夜不能寐，眼看着人变得越来越枯瘦，精神也恍惚起来。后来，想到还有年迈的父母和公婆，以及孩子需要照顾，小雪这才振作起来。但是，她没有办法在熟悉的家里生活，因为家里处处都有丈夫的影子。思来想去，她决定把孩子托付给公婆和父母照顾，而她则辞掉工作，背起行囊，去了远方。才出去半年，小雪就因为思念孩子而回到家里，她问自己：我这样把孩子抛弃掉，对得起爱我的老公吗？我不能让他的在天之灵不得安息啊！

回到家里之后，小雪感觉公婆对她的态度都很奇怪，似乎有什么事情在隐瞒着她。后来，小雪发现公婆把家里的存折、房产证和金银首饰等东西都收起来了。小雪虽然觉得公婆对她有防备，但是一想到丈夫已经不在，自己哪怕有这些东西也没有用处，因此她心中释然。她没有生气，与公婆没有丝毫芥蒂，而是一如往常地生活。后来，婆婆因为宫颈癌住院，小雪忙前忙后四处筹钱给婆婆交医药费，而且每天都一边上班，一边照顾孩子，一边还要去医院里送饭守夜。一个月后，婆婆出院，回到家里的第一件事情就是把那些收起来的贵重物品都交给小雪。婆婆对小雪说："孩子，妈妈对不起你，妈妈小人之心了！"小雪笑着说："妈，这些东西你还是收起来吧，给我也没什么用。人都不在了，我要房子要钱干什么？我现在最大的心愿就是能够代替他，把您和爸爸养老送终，把孩子抚养长大，看着孩子结婚生子，我也就对得起他的在天之灵了。"婆婆潸然泪下，从此之后对待小雪就像对待亲闺女一样。

在很多家庭里，成员之间之所以因为各种各样的问题而产生隔阂，就是因为他们彼此之间没有真心相待。还记得在三毛笔下，荷西去世没多久，家里人就来清点荷西的财产，这让三毛非常伤心。对待儿子的未亡人，作为父母怎能如此狠心呢？其实，人与人之间的一切关系都是相互的，例如尊重、平等、理解、友善等。我们要想得到别人怎样的对待，就要怎样去对待别人，这样才能在人际相处的过程中赢得他人的尊重和友爱。

人非圣贤，孰能无过，当别人犯错误的时候，我们要理解和原谅别人。当自己犯错误的时候，我们首先要反思错误以避免再犯，其次也要端正自己，宽容自己，这样才能在成长过程中有更好的表现。否则如果总是对于人生有太多的要求，对于自己也总是苛刻，那么我们对于这个世界也会缺乏善良。记住，人生短暂，如同白驹过隙，不要把人生肆意挥霍，而是要抓紧时间尽情地享受人生的真善美，在生活之中受到他人的欢迎，也真诚友好地对待他人，这样的人生才是值得憧憬和期待的，也才会给予我们对于生命的更多感悟和美好。

只有平庸者才奢求得到所有人的理解

现实生活中，很多人都奢望得到他人的理解，却不知道在这个世界上，没有任何人能够得到所有人的理解。这是因为每个人都是这个世界上独立的生命个体，一个人也许可以做到设身处地地理解他人，站在他人的角度思考问题，却不能成为他人，更不可能真正理解他人的想法。人是主观动物，每个人在思考问题的时候都会情不自禁从自身角度出发去考量问题，这是人的本能，是很难以避免的。所以不要奢求得到每个人的理解，就算你是孙悟空会七十二变，也不可能让所有人满意，更不可能在成长的道路上真正成为受所有人欢迎的人。既然如此，我们为何要盲目地改变自己以迎合他人，最终连自己都不是了呢？所以真正的智者会坚持做自己，活出自己最本真的样子。

在《水调歌头》中，苏轼就曾说过，“惟恐琼楼玉宇，高处不胜寒”。实际上，人生难免曲高和寡，越是那些高尚的人，越是在平庸者之中找不到更多的共鸣者。因此，我们也不要总是奢求得到所有人的理解，更不要强求所有人都要理解我们。坚定不移地做自己，在必要的时候调整好心态，勇敢地面对人生，这才是最重要的。

趋利避害是人的本能，每个人都想听到相同的声音，而不想被其他人批评和否定。在这种情况下，如果一味地陷入困顿之中，导致人生面临很多的困境而无法自拔，非但不能圆满解决问题，也无法如愿以偿获得成长。最重要的在于，我们是具有独立个性的人，一定要更加全力以赴经营好人生，在必要的时候收获人生的美好，这才是生命的动力。当然，生活之中，难免会遇到那些居心叵测的人，他们或者故意以批评和否定刺激我们，或者会故意传递给我们负能量，这些对于我们的成长都是很糟糕和不利的。在这种情况下，不要过分奢求理解，因为当你把寻求理解当成必然的需要去满足时，你在做很多事情的时候就会产生惰性，甚至觉得人生也因此而变得无助起来。

做人，一定要有坚定不移的内心，这样才能避免脆弱，也才能避免盲目的寻求理解。记住，理解不是我们宽容和原谅自己的理由，也不是人生放纵的借口。如果你足够自信，你就不会盲目寻求理解，你会更加倾向于问心无愧，也会知道做到让自己满意才是最重要的。反之，如果你总是希望通过别人的评价来了解和认可自己，那么你渐渐地就会产生挫败感，这相当于把自己精神满足的希望寄托在别人身上，当然会导致自己变得被动和无奈。只有不奢求得到别人的理解，不强求得到每个人的理解，我们才能坚定地做自己，才能让自己以最好的形象出现自己的生命中，坚持做真实的自我。

任何时候，都不要奢求得到所有人的理解和尊重。同样的道理，你也不用要求自己尊重和理解所有人。人与人之间的关系总是相互的，只有不断地彼此了解和促进，也只有坚定不移地做好自己该做的事情，我们才能在人生的道路上更加从容，也坚守自己的内心，做好自己该做的事情。

在饭桌上，十年未见的同学们在一起愉快地交谈，气氛热烈而又融洽。小张说起莎士比亚的著作《神曲》，王涛不以为然地说："莎士比亚的代表作是《哈姆雷特》，《神曲》的作者是但丁。"显而易见，小张有些喝多了，他坚持说莎士比亚的《神曲》，为此王涛和小张争执不休。后来，王涛找来语文老师给小张纠错：“老师，你告诉小张《神曲》的作者到底是谁？”老师笑着说：“就是莎士比亚，是你错了。”小张这才释然，原本涨得通红的脸也渐渐恢复常态。

聚会散场的时候，王涛找到老师，问：“老师，《神曲》的作者不是但丁吗？”老师点点头说：“是的。”王涛更纳闷了：“那您刚才怎么说是莎士比亚啊？但丁和莎士比亚，根本风牛马不相及啊！”老师笑起来，说：“你没见小张有些喝多了，开始较真了吗？其实，他说错就错了，毕竟这是聚会的场合，你这样纠正他的错误，会让他觉得很没有面子的。”王涛恍然大悟。

为何一定要得到他人的认可和理解呢？自己知道《神曲》的作者是谁，这不就够了吗？至于别人，如果有朝一日他们用得上这个知识点，那么他们就会牢牢地记住，又何必要让他们下不来台呢！尤其是在同学聚会的场合，大家都很开心，王涛更不应该让其中有不和谐的音符存在。

任何时候，我们都要拥有高情商，这样才知道何时是需要据理力争的，何时是需要不那么认真和较真的。唯有把握好认真和较真之间的度，我们才能更好地面对未来，也才能收获良好的人际关系和丰富的人脉资源。记住，不要奢求让所有人都理解你，只要你知道自己是对的，做得也很到位，这就足够了。

第07章

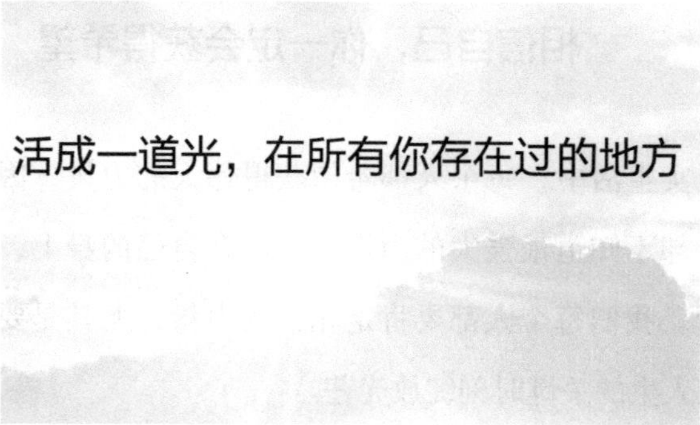

活成一道光，在所有你存在过的地方

有的人存在一生，如同微弱的光，甚至连自己都不能照亮。有的人存在一生，则如同一道闪光，看起来那么刺眼耀目，最终绽放生命的光芒。然而，选择以怎样的方式面对生活，度过人生的旅程，是每个人的权力和自由，最最重要的是喜欢自己的模样，在自己存在过的地方留下些许的印记，证明自己的确来过。

相信自己，你一定会获得希望

现实生活中，每个人都希望获得伟大的力量，因此他们遍求不得，却不知道最强大的力量原来就在自己的身上，那就是相信的力量。我们每个人都要肯定相信的力量，尤其是要相信自己，才能在人生的关键时刻绽放光芒。

相信自己的人，心中始终都有希望，也可以在任何时候都勇敢无畏地面对自己，从容不迫地面对人生。很多从事过销售行业的人都知道，在销售行业，人们总是会激励自己，也会全力以赴地奔赴目标和前程。实际上，这样的人生并非无所畏惧，因此哪怕面临很多的困难坎坷和挫折，也会全都战胜，从而让自己的人生更加从容不迫，获得成功。当然，要相信自己，我们就要做到诚实地面对自己。不得不说，有很多人对于自己是不够诚实的，他们总是会挖苦讽刺自己，也总是会无助地欺骗自己，甚至还会因为自卑而无限度地否定自己。任何时候，我们都要全力以赴做最好的自己，这样才能从容不迫地活出自己的精彩，也才能真正桀骜不驯地面对人生。

诚实地面对自己，就要做到以下几点。首先，要相信自己已经正视自身的缺点和不足，也已经意识到自己的优势和长处，这样才能让自己在成长的道路上不断地努力进取。记住，金无足赤，人无完人，每个人都有优势和长处，也有缺点和不足，任何时候，我们唯有客观公正地认知自己，也唯有真诚坦率地面对自己，才能够真正成为人生的主宰。

如今，热衷于网购的年轻人对于马云的大名几乎无人不知，无人不晓。实际上，马云之所以能够有今天这样的成就，与他当年坚持梦想，相信自己，是分不开的。此外，马云之所以能够得到同伴们的鼎力相助，也与他坚持做自己，真诚对待同伴，有着密不可分的关系。任何时候，我们都不要奢望人生会有从天而降的成功，只有坚定不移地去做自己想做的事情，才能在成功的道路上更加顺遂如意，才能得到一切。如果当初马云不能坚持做自己，那么他今天也许就会成为一个平庸者，根本不可能取得如此伟大的成就，也不可能获得自己梦寐以求的成功。

纵观古今中外那些伟大人物能够有所成就并非是因为他们有着过人的天赋，也不是因为他们得到了命运的青睐和眷顾，而是因为他们忠诚于自己的内心，所以总是能够做好自己，也总是能够全力以赴坚持自己的梦想，不忘自己的初心。因此，他们才会极富魅力，也能够得到众多拥护者的爱戴和全力支持。

遗憾的是，现实生活中，很多人都过于从谏如流，他们对于身边人的想法和看法都过于重视，因此无形中就放弃了自己的想法。记得在前段时间的《非诚勿扰》栏目中，有一个女嘉宾已经29岁了，面对一个23岁优秀男孩的爱慕之意，尽管女嘉宾也非常喜欢这个小伙子，但是却因为她的妈妈连大她一百天的男性都不能接受，而拒绝了这位小伙子的爱情。后来，孟非和在场的点评嘉宾，都委婉地劝说这个女孩要有自己的想法，而不要因为是在单亲家庭里和妈妈相依为命，就对妈妈言听计从，而丝毫不懂得坚持自己的主见。不得不说，孟非和在场点评嘉宾的语言都是极富魅力的。

在人生的道路上，每个人都要学着长大，这样才能在成长的道路上不断地努力进取，也才能不断地成长，最终收获成功。否则如果总是不能诚实地面对自己，也不能坚守自己的内心，则未来一定会因为内心失去希望，而对于人生也有更多的遗憾。任何时候，我们都要勇敢面对自己的内心，也要坚定不移做好该做的事情，才能在人生的道路上不忘初心，砥砺前行。记住，走自己选定的道路，哪怕内心有再多的遗憾，也不要后悔，因为这是我们的人生之路，必然铸就我们人生的丰实与厚重。

怀着希望面对生活

希望是人心底的光，如果人生没有希望，就会失去方向，如果人生没有希望，未来就会变得迷惘。只有心怀希望面对生活，我们才能在人生进取的道路上不断地努力前进，也才能在面对未来的时候，更加充满力量。在心理学上，人的动力有两种，一种是外部驱动力，一种是内部驱动力。心理学家经过研究发现，内部驱动力给人的力量是短暂的，也是有限的，只有外部驱动力才能让人更加勇敢无畏地努力向前，对于人的激励作用和力量也是更为持久的。因此，我们一定要激发自己内心的力量，也要始终满怀希望面对生活，这样才能在成长的道路上继续前进，哪怕遭遇坎坷和挫折，也能够英勇无畏地向前，绝不畏缩和退却。

不可否认的是，命运常常会无情地捉弄人，导致人在成长的道路上畏缩和退却，甚至还会在遭受巨大打击的时候情不自禁地退缩。人的本能就是趋利避害，这一点毋庸置疑，因此要想在人生的道路上砥砺前行，我们就要心怀希望，也要始终激发自己的昂扬斗志，努力向前，这样才能具有更加强劲的动力，始终勇敢地面对生活。

人生中，各种力量错综复杂，相互发生作用，因此，人置身于复杂的人生境遇下，往往会感受到各种力量的拼搏与角逐。为了让自己的内心更加笃定和自由，我们一定要坚定不移守住内心的想法，这样才能勇往直前，奔向人生中最伟大的和目标明确的方向。尤其是在人生的道路上，每个人对于人生现状都有自己的理解，也都有自己的坚持。在这样的情况下，不要迷惘地面对未来，也不要因为现状堪忧，就迷失自己的方向。我们固然可以借鉴别人对于人生的理解，但是却不要迷失自己的想法和主见，而是要学会坚持自己的想法，也要从容不迫地坚持内心的主见，这样才能在人生的岔路口坚持选择正确的方向，也坚持走好属于自己的道路。

细心的朋友们会发现，很多人误以为人生的关键时刻出现在那些危急且重要的时刻，实际上，这样的危急时刻并不存在，更多的时候，人生的关键时刻反而决定于那些细节，这就告诉我们一定要更加勇敢无畏，在细节方面更加坚持，才不至于偏离原本的方向。希望，就是我们人生中的光芒，虽然平日里我们看不到这光芒，但是它却始终都在我们的心底呈现，给予我们的人生更多的理性和充满辉煌的未来。

不可否认的是，命运常常很残酷，会考验我们对于人生的坚持。在这种情况下，一定要不忘初心，砥砺前行，才能持续奋进。尤其是在遭受命运考验的时刻，我们更要坚持自己的本心，不忘自己的目标，这样才能在人生的道路上始终朝着我们梦想的方向去前进。在人生之中，很多人都说自己似乎在为他人而活，的确，人生的道路非常漫长，但是人生有时候也是很短暂的。我们一定要在人生之中有所坚持，有所成长，才能争取得到人生更美好的结果。否则，如果我们盲目地改变自己，迷失了人生的方向，那么人生就会事倍功半，很难得到快速的成长和发展。

记住，在人生之中，不管你归根结底是为了谁，其实最终的目的都是为了自己。任何时候，我们都不要忘却初心，也不要迷失本心，唯有坚守内心的希望，也唯有对于生活永远保持内心的方向，我们才能真正有所收获，也才能获得更长足的进步和发展。

用自己的方式“开挂”

前文说过，人生何时开始都不晚。那么对于人生而言，何时开始才是最好的时候呢？这是需要每个人都认真思考的问题。其实，不管何时开始，只要是合适的时机，就是好时机，人生的开始不需要像门店开业那样选择吉时，因为只有抓住最佳的时机才能取得最好的效果。除了抓住好时机之外，我们还要确定最适合自己的方式。那么，何为最好的方式呢？有的人觉得人生中最好的方式一定要迅速高效，其实不然。正如人们常说的，鞋子是否合脚，只有脚知道，那么方式是否合适，只有我们自己知道。任何时候，我们都要选择最佳的方式面对自己，也要选择最合适的方式开挂人生。

有些人常常盲目地羡慕他人，觉得人生既然没有更好的选择，那么不如学习和模仿他人。实际上，这样的盲目模仿并非是最好的开挂方式。众所周知，每个人都是这个世界上独立的生命个体，每个人的人生也都注定与众不同，会绽放出属于自己的人生光彩。既然如此，我们就要经营好自己的人生，这样才能更加全力以赴做好自己该做的事情，也才能让自己的人生绽放与众不同的光彩。

选择适合自己的方式努力才会事半功倍。盲目地模仿别人，不但不利于人生的成长，而且对于人生会有很大的局限性。要想活出自己精彩，拥有独属于自己的人生，就要选择以自己的方式开挂。

一直以来，她都很不顺利。高中毕业后没有考入理想的大学，因此妈妈给她在村子里找了份工作，让她进入学校当老师。但是，她才上了几节课，就被学生们哄下讲台，原来她是有学识的，但是却没有能力把知道的都讲解给学生们，导致学生们听她的课总是听不懂。她黯然神伤，妈妈安慰她："没关系，这条路走不通，就走别的路！"后来，她和村子里的小姐妹一起去南方的服装厂打工，但是姐妹们都是初中辍学就开始进入服装厂打工，所以站在流水线上，她总是那个最慢最不合拍的。才工作了没多久，她就被老板谈话。后来，她主动申请去设计部门打杂，老板看着她的样子，不知道她能设计出来什么样子的服装，她把自己的初稿给老板看，又让老板拿到设计部门。有一个年纪比较大的设计师愿意收她为徒弟，让她跟着自己学习，她感激不已。

此后的日子里，她一直非常努力。设计室里不管哪个设计师需要帮忙，她都非常认真热情主动地去帮助，她还利用业余时间报名参加了服装设计的培训学校。后来，她设计的服装获得了很好的销路，她也因此成为厂子里最优秀的设计师。但是她没有因此而感到骄傲，而是继续努力做好自己该做的事情，向着更高的巅峰冲刺。她的作品居然在服装设计大赛上获奖了，她那么激动，那么骄傲，对于自己的未来充满了信心。

一个人如果不适合从事某一个方面的工作，没关系，还可以从其他方面进行冲刺。就像事例中的她，虽然高考落榜，虽然不适合当民办老师，虽然无法在流水线上与其他姐妹配合密切，但是却能够成为一名优秀的设计师。也正是因为不断地努力和尝试，从来不忘却初心和放弃奋斗，她才能找到最适合自己的人生方向，也才能在努力奋斗的过程中不断地崛起，持续地进步。

在这个世界上，从未有人能够平白无故地获得成功。在成长的道路上，每个人都要更加努力进取，才能通过不断的尝试找到最适合自己的行业，获得最伟大的成功，这样才能全力以赴做好自己该做的事情，也才能在人生的道路上勇往直前，砥砺前行。记住，人生没有回头路可走，对于每个人而言，人生的机会只有这一次，我们一定要更加努力，坚定不移地在人生的道路上前行，才能够实现自己对于人生的一切渴望和希望。

有些人总是害怕自己会犯错，所以在人生努力的过程中，常常表现出迟疑不决、犹豫不定，换个通俗的说法，就是前怕狼，后怕虎。实际上，人生如果总是这样盲目，常常在迷失自我的过程中失去奋斗的动力，那么未来也就会在成长的道路上失去奋斗的动力。人非圣贤，孰能无过，每个人都会在成长的道路上犯错误，只要端正态度对待错误，积极主动地反思自我，我们就能踩着错误的阶梯不断地前进，也能在努力奋斗的过程中发现和获得人生更多的成功契机。记住，世界上的万事万物都是在不断成长和进步的，如果你因为眼前的困境而导致人生失去前进的动力，那么你虽然会避开失败，却也会与成功彻底绝缘。所以真正明智的人不会因为小小的困境就让人生止步不前，他们反而会坚定不移地相信自己，也遵从内心的召唤做出选择，唯有如此，最终才能找到最佳的方式开始人生的努力和拼搏，也才能真正让人生处于开挂的状态，获得最佳的成长和最大的进步。

遗憾的是，现实生活中，当人生面临岔路口，总有些人会感到迟疑不定，内心惶恐。是因为他们不知道自己的人生将会面临怎样的未来，也恐惧承担那些未知的后果。实际上，最可怕的不是外部引起恐惧的因素，而是每个人心底里的恐惧。正如人们常说的，每个人最大的敌人都是自己，我们唯有不忘初心，坚持本心，真正战胜心底里的恐惧，才能在成长的道路上不断地进取，也才能真正突破内心的囚牢，获得长足的成长和进步。

拥有独属于自己的风景才是幸福

在九寨沟的美景没有因为地震而毁于一旦之前，相信有很多朋友都曾经梦想着去九寨沟看那碧蓝的水和金灿灿的黄叶，看那倒映在水中的天空在水中绽放。然而，谁也不知道地震就这样突如其来，把无数人心中都曾经憧憬的美景毁于一旦。这一切都告诉我们，看景要趁早，而不要等到灾难来临之后再去沮丧自己没有抓住机会。任何时候，人生都有各种各样的未来值得我们去憧憬，只有不断地努力向前，我们才能把事情做在前面，尽早完成对于人生的憧憬和希望。否则，等到人生陷入被动的境遇之中，我们对于人生的主动权也就会越来越小。

现实生活中，很多人都羡慕别人的成功，那是因为他们只看到了别人在成功之后获得的光鲜亮丽，而不知道别人在成功之前曾经付出了多少辛苦和努力，也不曾知道别人在光环加身之前熬过了多么艰难的黯淡时光。退一步而言，每个人都是这个世界上特立独行的生命个体，都会有独属于自己的人生和成功。既然如此，哪怕你很羡慕别人，也不要盲目地去模仿别人，而是要活出独属于自己的精彩，也要活出独属于自己的未来。任何时候，都不要盲目地羡慕他人，而是要意识到自己是这个世界上特立独行的生命个体，是需要不断地努力和进取，才能够获得成功的，也是会绽放出自己独特的光芒和未来的。因此，任何时候，我们都不要盲目羡慕他人，而是要坚持自己的内心，不忘自己的初心，这样才能更加坚定执着、勇往直前。

有人说，在熟悉的地方没有风景，这是因为人们对于自己已经熟悉的一切看得习惯了，也就缺乏了欣赏的眼光。实际上，这并不是因为风景不美，而是因为人们产生了审美疲劳。对于人生，也有很多人如此。他们总是羡慕别人的成功，而对于自己的优秀和美好却不看在眼睛里。实际上，对于每个人而言，学会欣赏自己，这是很重要的。要想让人生拥有更加美好的成就和未来，我们就要相信风景这边独好，这样才能提起对于人生的信心，也才能在成长的过程中不断地努力和崛起，最终让人生的风景变得更加美丽和从容。

在这个世界上，没有任何人的人生会是一帆风顺的。每个人都会经历人生的沧桑，体会到人生的艰难和辛苦。面对人生的挫折，如果我们选择抱怨的态度，那么难免会被挫折打垮，也会因此而陷入人生的困境。只有怀着积极的态度勇敢的面对，越挫越勇，越是在生活艰难的时刻越是能够全力以赴面对挫折，战胜挫折，活出人生的精彩与充实。

人生没有诀窍，对于每个人而言，要想获得幸福的人生，就要怀着宁静充实的心态面对人生，这样一来，人生才会更加充实，也才会充满乐趣。如果一个人对于人生总是抱怨，导致自己在成长的过程中感受到的都是负面的能量，那么即使有美景也会是被阴霾笼罩的美景，即使有未来，也是黯淡无光的未来。有人说，心若改变，世界也随着改变。面对人生的不如意，我们一定要满怀积极的心态和正向的能量，人生才会改变。总而言之，人生没有绝境，真正的沮丧绝望来自于我们的内心。我们一定要更加坚定不移，在人生的道路上勇往直前，才能活出独属于自己的精彩人生，才能拥有独属于自己的人生美景。

孜孜不倦地爱这个世界

当你回顾已经经历的人生时，你是感到满足，还是感到遗憾，你是感到欣喜，还是感到沮丧呢？当你的前半段人生以独特的方式度过，你对于人生的感受也一定会是与众不同的。不得不说，在现代社会中生存，每个人都承受着巨大的压力，不但各种竞争越来越激烈，而且生存本身也变得越发艰难。但是，不管人生多么难熬，我们始终都要怀着积极和热情面对人生，这样才能跳脱出对于人生沮丧的怪圈，从而给予自己的人生更多的美好和未来。

正如一句网红语所说的，世界以痛吻我，我却报之以歌，除了这样积极的态度之外，还有什么其他更好的方式来面对人生呢？如果你总是沮丧绝望，对待很多事情都怀有放弃的态度，那么你不但能够避免失败，就连成功的机会也会彻底失去。而如果能够改变一种态度面对人生，始终以饱满的热情战胜坎坷境遇，那么人生也会呈现出与众不同的境遇。因此，请对这个世界满怀热情吧，当你孜孜不倦地爱着这个世界，从来也不疲惫和乏味，你会发现世界终究会给你更多的希望和更美好的未来。

不可否认，人生之中的确会有很多的不如意，也会有诸多突如其来的打击，但是这一切都不应该成为我们面对人生倦怠的理由。在“二战”之后，曾经有战后重建小组的人去到德国进行调查。在走出一户充满废墟的人家时，重建小组的专家人员告诉组员们德国人是打不倒的。组员们对于专家的话都感到很纳闷，不知道专家面对满目疮痍的人家为何要这么说。专家告诉他们：“你们看看，我们走过的这几家人家里，有两户人家的桌子上都摆放着鲜花。在这样糟糕的境遇中，他们依然这样满怀热情地面对生活，可想而知他们内心的力量有多么强大。”的确，很多时候，人们对于生活的热情就体现在细节上，只有这样坚持不懈地热爱生活，人们才会始终心怀希望。

现实生活中，当我们走进一户人的家里，几乎马上就能感受到这户人家的气质。有的人家里乱糟糟的，显得凌乱不堪，似乎主人对于生活也从不用心，没有规划。有的人家里却整齐有序，秩序井然，这是因为这些家庭的主人对于生活始终饱含热爱。这与这户人家家里有没有钱、是否富有没有关系。哪怕是清贫之家，也可以收拾得干净清爽，彰显出对待生活的态度。总而言之，任何时候都不要对生活绝望，否则生活就会回报给你更大的绝望。反之，如果你对于生活有信心有希望，也饱含热情，那么生活也会回馈给你更大的热情和希望。

对于这个世界而言，最美妙的风景不是波澜起伏的人生，也不是那些绚烂多彩的风景，而是每一颗对于生活满含热情的心灵。有些朋友会抱怨这个世界变化太快，常常使人猝不及防，实际上当我们的内心笃定，不管外界如何改变，我们对于人生的梦想从来不会改变，我们对于生命的执着和热情始终在点燃我们对于生命的态度，这就是生活的美好所在，也是这个世界上最绚丽的风景。

做自己喜欢的事情，为全家人做美味的一餐饭，不管遭遇多么艰难的困境都决不放弃，而是始终坚定不移笃定自己的内心去热爱生活，善待生活，这样的人生就是美好的，这样的未来也值得我们每个人去期待。记住，不管生活多么艰难，都不要迷失自己。我们可以吃着粗茶淡饭，却依然要把餐具擦拭得发亮，也可以用那些简单的食材搭配出更加丰富的色彩，让用餐也有好心情。我们可以穿着质朴的粗布衣服，却要把衣服洗干净，哪怕是给衣服缝上补丁，也要非常用心，而绝不放弃，这样才能始终以干净清爽的面目示人，给自己信心，也给他人尊重。记住，在这个世界上我们不能改变的东西很多，但是任何时候，我们都可以掌控自己的内心，主宰自己的人生，这是由我们的心情就能决定的。不要失去这个权利，唯有在拥有这个权利的基础上，你才能更加理性笃定地面对自己的人生，也才能从容地做好自己！作为一个真正的人生强者，无论是顺境还是逆境，都不要抱怨命运，更不要抱怨生活。只有坚持做最好的自己，我们的灵魂才会变得坚韧强大，我们的人生才会变得更加璀璨夺目！

用喜欢的方式过好每一天

对于人生，很多人在追求的过程中都会忍不住本末倒置，这是因为他们原本可以以喜欢的方式过人生，却因为被太多的欲望裹挟着向前，结果导致迷失了本心，在不知不觉间就失去了人生的方向，也导致生命的宝贵时光被荒废，蓦然回首，却发现过着自己不喜欢的人生。不得不说，以这样方式面对人生，是一种失败。

每个人都是这个世界上特立独行的生命个体，每个人对人生的理解都是截然不同的，既然如此，就不要总是对于人生有太多的抱怨，而是要认真想清楚自己想要怎样的人生，想活出怎样的样子。唯有如此面对人生，我们才能以自己喜欢的方式度过一生，也才能在成长的历程中不忘初心，砥砺前行。在确定自己喜欢的人生时，还要注意不要总是受到他人的影响，也不要因为别人说了什么或者怎么想，就盲目迷失自己。记住，你的人生你做主，当你活成别人的样子，即使获得再大的成功，也是人生的失败。

曾经有人说过，为了避免人生遗憾，要把人生中的每一天都当成生命中最后的一天去度过。实际上，这种想法是会给人很大压力的，不如换一种想法，用喜欢的方式度过人生的每一天，那么人生就会了无遗憾，而且非常轻松自如。当然，这样的目标说起来很容易，真正做起来却很难，这是因为太多的人对于人生有过多的期望，也对于人生会有很多的迷惘。从本质上而言，维持正常的生存，人只需要很少的物质作为支撑，因此我们在实现欢喜过好每一天的同时，先要降低自己的欲望，让自己成为欲望的主人而不是奴隶，这样我们才能在人生的道路上不忘初心，砥砺前行，也始终牢记人生的目标和方向，勇往直前。

很久以前，有个渔夫每天都出海打渔。他的船很小，打到可以供给家里吃以及可以卖出去换钱维持日常生计和开销的鱼之后，渔夫就会回到岸边，先是把最新鲜的鱼送回家里，让妻子做给全家人吃，再把剩下的鱼拿到集市上卖掉。就这样，渔夫每天的生活都是如此，每当遇到阴雨天气，他就留在家里守着老婆孩子热炕头，吃着简单朴素的饮食。

有一天，渔民出海打渔回来的时候，遇到一个富人正在海边散步。富人看着渔夫的收获这么少，忍不住问渔夫："你打渔的技术这么好，为何不多打一些鱼呢？"渔夫很纳闷地看着富人："我为什么要多打鱼呢？"富人说："你多打鱼，时间久了就可以积攒一些钱，买一条大一点的船。这样你每次出海可以赚取更多的钱，就可以抽出时间来陪伴家人和孩子，还可以享受悠闲的时光。"渔夫说："我现在每天出海打渔只要花费很少的时间，也可以有时间陪伴家人和孩子，而且每天都可以。我现在过的就是你说的生活啊！"富人陷入了沉思。

渔夫说得很对，如果他不想发财，只求温饱，那么他现在过的就是富人所说的努力赚钱若干年之后才能过上的生活。既然如此，他又为何要舍近求远呢？对于人生，每个人都有不同的理想和追求，最重要的是过上自己想要的生活，而不是过别人认为好的生活。所谓不忘初心，方得始终，每个人都要活成自己理想的样子，才能在成长的过程中不断地努力奋进，最终增强自己的内心，壮大自己的精神，让自己可以笃定地坚持想要的人生。当然，这样的坚守是需要舍弃很多的。例如舍弃对于人生的各种渴望，舍弃对于人生形形色色的欲望。唯有在成长的道路上不断地努力向前，从容地做好自己，我们才能更加有的放矢地面对人生，也才能真正绽放人生的精彩与辉煌！

第08章

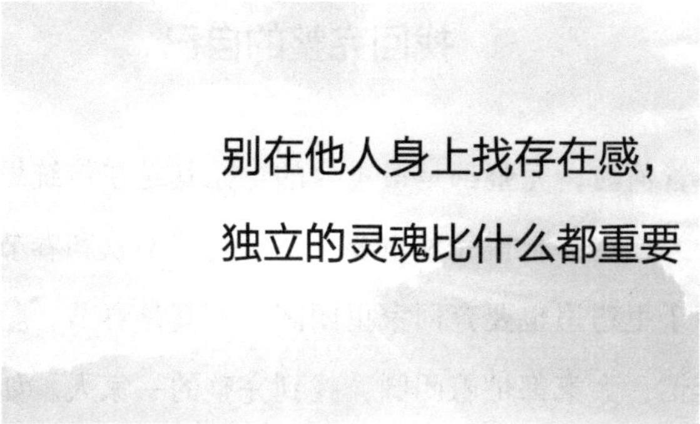

别在他人身上找存在感，独立的灵魂比什么都重要

现实生活中，很多人都没有存在感，所以朋友圈里才会有那么多人晒。尤其是到了节假日的时候，只看朋友圈就可以领略全世界的风景，但是当你在超市里又看到了前一刻还在马尔代夫蓝天碧海里徜徉的朋友，你会怎么想呢？千万不要认出来他们，因为所谓的自尊和存在感同样重要。这样我们忍不住哀叹：人们到底是怎么了？难道独立的灵魂不比任何事情都更加重要吗？

找回完整的自己

不管何时，完整都是最重要的。尤其是在传统思想观念的影响下，人们更加觉得完整重要，每年到了中秋和春节的时候，人们即使千里迢迢也要奔回家里团圆。尤其是春节，整个国家的人都在奔忙，大家都忙着团圆，找到完整的一家人。如果说家人团圆的形式大于意义，那么对于每个独立的生命个体而言，找回完整的自己显然更加重要。

现代社会中，很多人都迷失了自我，他们不知不觉间就活成了别人的样子，也总是在生命的角逐中失去了自己的本性。大名鼎鼎的心理学家荣格说，一个人与其为了迎合别人而失去自己，不如努力活成完整的自己，这才是最大的成功。毋庸置疑，想要成为完整的自己并不容易，尤其是在这个瞬息万变的时代里，有太多的外部因素都在影响着我们的内心，也在不知不觉间控制着我们的人生。

在现实生活中，没有人的人生是顺遂如意的，对于每个人而言，人生常常会有很多的艰难坎坷和不如意，这实际上是人生的常态。然而，真正面对这些使人为难的事情时，我们还是会忍不住慌乱，也常常为了忙乱地应付外部世界，而压抑和迷失自己。

正是在这样的过程中，我们渐渐地迷失了自己，也丢失了自己的一部分，就像一个残缺圆圈一样变得不再完整，哪怕是努力向前奔跑，也常常会因此而局限了自己。

做完整的自己，说起来很容易，真正想要做到却很难。就像做真实的自己一样，因为每个人都是人群中的一员，都要在人群中生活，所以每个人难以避免要面对他人的肆意评说。在这种情况下，内心脆弱的人总是情不自禁地改变自己以迎合他人，而只有内心坚定不移的人，才能更加从容不迫地面对人生，经营好人生。所谓心若安然，世界也安然，正是这个道理。由此可见对于每个人而言，要想笃定地走好属于自己的人生之路，就一定要坦然从容，就一定要怀着一颗镇定自若的心。

大四那一年，小千原本想考研，但是父母都说考研出来之后也未必能够找到好工作，恰巧父母还托人给小千联系了一个很好的单位，因此他们就全都不遗余力地去劝说小千放弃考研。正是在这样的过程中，小千迷失了自我，放弃了考研的想法，而在爸爸的安排下去了那家单位工作。

然而，这份工作虽然很稳，属于旱涝保收的类型，但是小千却在面对工作的时候常常感到迷惘。这样按部就班的生活根本不是她想要的，尤其是对于人生，小千一眼就可以看到退休以后的日子。渐渐地，小千对于工作越来越懈怠，她整个人都变得颓废起来。在一个暑假，小千和曾经的大学同学聚会，看到那些考研的同学们对于未来有着无数的设想，她不由得怦然心动，当即决定辞掉工作，也和大家一样考上研究生。因为害怕爸爸妈妈反对，小千是在递交了辞职报告之后，才把辞职的消息告诉爸爸妈妈的。这一次，她破釜沉舟，决定不听从爸爸妈妈的建议，而是要坚持自己的想法。就这样，在工作两年之后，小千考取了研究生，而且是她最喜欢的大学和专业。小千整个人都变得不一样，她精神抖擞，对于未来充满无限的希望。最终，研究生毕业的小千留在了大城市工作，在安家立业之后，还把父母也接到身边来照顾。

如果小千听从爸爸妈妈的建议继续保留工作，那么她接下来就会按部就班地结婚生子，人生也就真的可以一眼看到底了。生命的魅力到底在于哪里呢？有的人渴望着岁月静好，人生中的每一天都平安喜乐，的确，这样悠闲安适的人生的确让人期待和憧憬，但是再好的日子如果一成不变地过得太久，就会失去新鲜和吸引力。人生，总是要有一些未知的因素才会更加吸引人，在这种情况下，我们要做的不是被动地等待人生改变，而是要积极地改变人生，努力求变，这样才能赋以人生更强的活力和动力，也让人生变得卓尔不群。

对于梦想，我们还要坚持做到努力去实现。再美好的梦想如果只停留在“梦+想”的阶段，那么就会成为空想，就会成为假想，对于真正地推动人生不断地努力向前，追求改变和创新来讲，没有任何意义。所以明智的朋友们会始终牢记梦想，也会在成长的道路上坚持战胜一切的坎坷挫折，去把梦想变成现实。唯有如此，梦想才能开花结果，也唯有如此，人生才会璀璨。

让平凡的自己伟大起来

不可否认，大多数人都是这个世界上平凡的存在，作为普通的生命个体，

尽管我们想让自己卓尔不凡，而现实却告诉我们大多数人的人生都会在平淡无奇中度过，既没有耀眼的光环，也没有伟大的成就，而是就这样普通随意。但是，这并不意味着我们要放弃对于人生的追求，因为即使作为普通人，我们只要坚持不懈地努力，只要怀揣着对于生命的梦想努力向前，我们终究还是可以让自己变得伟大的。只不过，这样的伟大属于我们自己，这样的成功也属于我们自己。

让平凡的自己伟大起来，仅仅听起来，这个创意就很不同凡响，不是吗？我们必须承认自己的渺小，因为每个人都是宇宙浩渺时空中的过客，都不可能永远存在。但是，我们还是要发现自己的价值，发现自己与众不同的地方，这样才能更加勇往直前地面对现实和未来，也才能在人生前进的道路上不断地奋斗和进取。最终，时光不老，我们终究会到达人生伟大的目的地，也会在成长的过程中遇见更好的自己。

做人，一定要有敬畏之心。在现实社会中，之所以会发生那么多奇葩的事情，让人感到匪夷所思，就是因为人失去了对于生命的敬畏。那个重庆坠江公交车上的女乘客，如果心怀敬畏，就会知道公交车司机肩负着全车人的生命安全；那个公交车司机如

果心怀敬畏，就会知道自己即使再怎么生气也不能失去理智，而是要牢牢把握好手中的方向盘。近些年来，还有很多人在学校门口行凶作恶，发泄对于人生的不满，不得不说，这些人都缺乏敬畏之心，也缺乏对于生命的敬重，所以才会在想要放弃自己的生命时，也残忍地伤害那些无辜的生命。不得不说，人生是没有回头路可走的，悲剧一旦发生，再也没有挽回和弥补的机会，因为在这个世界上时光从来不会倒流。要想活出精彩的人生，要想让自己从平凡之中孕育伟大，我们首先要有端正的心态，要有正确的人生态度，也要对于生命心怀感恩和敬畏。

人，之所以能够安然面对人生，是因为知道自己的平凡和渺小。任何时候，平凡和渺小都是人生中最正常的状态，既然如此，我们就要找准自己的位置，这样才能客观公正地认知自己，也才能摆正自己的位置，让自己取得更加长远的进步和发展。每个人都是平淡无奇的生命个体，之所以有的人变得非常伟大，是因为他们可以正视自己的平凡，也可以在成长的道路上不断地努力前行，成功地突破和超越自己。

很多人还会梦想着成功能一蹴而就，殊不知，这个世界上没有任何成功是平白无故得到的。所谓吃得苦中苦，方为人上人，我们必须更加努力提升自身的能力，全力以赴做好该做的事情，也在接纳自身平凡的基础上努力地提升和完善自己，才会有更大的进步与成长，才会让平凡的人生土地上孕育出鲜艳的花朵来。

现实生活中，也有人不想要岁月静好，而是希望人生能够波澜壮阔，从而获得广阔的天地。为了追求独特，为了把自己与他人区别开来，他们还会盲目地猎奇，做出各种怪异的行为举止，不得不说，这样的做法是完全错误的，也必然会导致得不偿失。记住，每个人都有自己的人生，也有人生中独特而又美丽的风景，我们所要做的不是活成别人的样子，也没有必要以任何人为标杆作为人生目标去超越。我们要做的就是呈现自己真实的模样，这样才会拥有与众不同的人生，也才会拥有独属于自己的人生景色。

让平凡的自己伟大起来，说起来就是这么简简单单的一句话，真正想要做到，却需要我们加倍付出的努力和辛苦。任何时候，都不要因为自己的平凡而自觉渺小，要知道，你就是自己的宇宙，你就是自己的上帝。只要你心怀梦想，不愿意向着平凡屈服，你终究会成就自己的美好与独特！

所有的经历都是真实的

在遭遇人生中重大打击的时候，很多人都会有这样的状态：突然之间觉得自己恍惚起来，就像是在梦境中穿行，始终都不能勇敢地面对，而是采取逃避的态度，能够躲得了多久就躲多久。这样类似于梦游的状态，实际上是人的自我保护机制在发生作用，在这样的机制下，人对于未来可能会遭遇的一切采取逃避的态度，不愿意勇敢面对。这样的沉醉，让人觉得一切的经历都是虚幻的，而人的内心深处也在通过潜意识告诉自己：这一切只是一场梦，梦终究会醒来，这可怕的一切都会变成过去。然而，等到时光流逝，这一切却始终都没有成为梦境，在各种因素的综合作用下，我们还是不得不面对残酷的现实。当然，从心理机制的角度来说，这样暂时的逃避对于人的心理状态和精神状态都是很好的保护，但是归根结底这样的逃避并不能解决问题，而且长时间沉浸在这样的似梦非梦的状态中还会导致人精神濒临崩溃。因而作为明智者，最终要理性地面对这一切，也要相信所有的经历都是真实的，从而真正勇敢面对，也让自己变得强大起来。

现实生活中，很多人都为了逃避现实，而怀疑甚至是质疑自己正在经历的一切，因此他们对于人生也常常采取逃避的态度，对于很多事情更是模棱两可，无法勇敢面对。不得不说，这对于人们真正主宰和掌控人生没有好处，反而会导致事情变得更加糟糕。

最近，艾伦正处于热恋的状态之中，她和男友感情非常好，关系非常亲昵。然而，正在他们海誓山盟要度过一生一世的时候，爸爸发现了艾伦的恋情， 而且对于艾伦的男友非常不看好。爸爸的强烈反对之下，艾伦只好和男友分手，而忽略了自己真实爱着的经历和感受，压抑了自己灼热深沉的感情。在这样的打击之下，艾伦就像是一个正在喷薄而发的火山突然被堵住了一样，她的灼热感情压抑在心里，无法排遣。最终，艾伦生病了，变得精神恍惚，生理方面也随之出现很多症状。

医生在对艾伦进行全面检查之后，发现艾伦根本没有病，但是艾伦的确很痛苦，也很难受。无奈之下，艾伦只好求助于心理医生的帮助。在得知艾伦生病前前后后的情况之后，心理医生告诉艾伦：你所经历的一切都是真的。艾伦仿佛醍醐灌顶，她从病恹恹的模样变成了一个精神抖擞的斗士，开始坚定不移地反驳爸爸，与爸爸抗争。最终，艾伦相信了自己的一切感受，更加相信自己正在经历的爱情。她毫不迟疑地选择和所爱的人在一起，最终成功地争取到爸爸的认可，与所爱之人一起踏入了婚姻的殿堂。

艾伦难道是因为失恋才变得整个人都不好了的吗？当然不是。而是因为她顺从爸爸的意志，否定了自己正在经历的一切，所以对整个人生都开始抱着怀疑的态度。这样的自我否定，对于自我情感的全盘推翻，让艾伦整个人都变得颓废沮丧，变得一点儿都不好了。由此可见，相信自己正在经历的一切都是真的，这对于我们认可和接纳自己非常重要，也有助于我们收获自信，获得成功。

现实生活中，有很多人都缺乏自信，尤其是当那些亲近的人提出不同的意见，甚至以激烈的方式反抗他们的时候，他们情不自禁就会怀疑和否定自己。实际上，对于每一个生命个体而言，相信自己是很重要的，唯有相信自己的人才能获得信心和勇气，才能对人生始终饱含希望。否则，当心如死灰，还如何能够对人生燃烧起熊熊的激情呢？记住，生命的希望就在我们的心里，任何时候，不管外界的阻力和质疑的声音多么大，我们都要坚定不移地相信自己，也要努力奋进走好属于自己的人生道路，这样我们最终才会拥有成功的人生，也才会拥有辉煌璀璨的未来。

不要妄自菲薄也不要妄自尊大

现实生活中，如何以恰到好处的态度面对自己，这很重要。很多人不是妄自菲薄，觉得自己这里也不行那里也不行，不管做什么事情都不敢勇敢地放手去做，就是妄自尊大，常常对自己有过高的预期，直到被残酷的现实打脸的时候，又备受打击，这当然不会是人生理想的状态。做人，既不要随意地夸大自己，把自己想象得比现实更大，也不要随意地缩小自己，把自己想象得比现实更小。只有把自己想象得恰到好处，做到客观公正地评价自己，我们才能更加从容地面对未来，也才能客观的态度评价自己，以恰到好处的方式激发自己所有的潜能和力量。

现实生活中，各种外界的因素常常影响和困扰我们，因而把自己摆在一个重要的位置很难。每个人都身兼很多角色，例如既是父亲也是儿子，既是女儿也是妈妈，既是媳妇也是婆婆，既是上级也是下级，既是弱者也是强者……当我们处于人生中的不同境遇中，面对身边不同的人，我们的角色也在改变，我们人生的定位随之而变。所以作为人生中勇敢无畏前行的人，我们一定不要总是对人生有太多的憧憬和渴望，而是要先客观理性地认知自己，公正地评价自己，这样才能对于自己有更加准确的预估和评价，也才能在人生的道路上不断地努力上进，勇敢无畏地前行。

人们常说，初生牛犊不怕虎，也会说无知者无畏，实际上，当一个人并没有意识到危险的存在时，他所表现出来的勇敢就不是真的勇敢。真正的人生强者和勇敢者，总是能够最大限度提升生命的能量，他们迎难而上，明知山有虎偏向虎山行，挑战和突破自我。总而言之，人生的道路漫长，每个人在生命的历程中都会遇到各种各样的坎坷与磨难，有的时候还要面对看似无法战胜的困境和绝境。只有不断地努力前行，勇敢无畏地行走好人生之路，我们才能不忘初心，砥砺前行，也才能够在成长的过程中有的放矢地提升和完善自己，争取在未来有更加优秀和杰出的表现。

人，什么时候会放大自己呢？有的时候，我们的对手太弱小，强烈的优越感会让我们不知不觉间放大自己；有的时候，我们面临艰巨的任务，或者被他人鼓舞或者自己给自己鼓劲，也会在无形中放大自己；还有很多人非常骄傲，以不知天高地厚为常态，更是会把放大自己当成理所当然……那么，人什么时候会缩小自己呢？当面对的对手太过强大，自卑和胆怯会让我们缩小自己；当对于很多小事情都能够手到擒来，而在面对重要的事情却感到艰难的时候，我们也会觉得自己太过弱小；当以妄自菲薄为习惯，总是缺乏自信，不能勇敢地主宰和驾驭人生时，我们都会缩小自己……看到这里，细心的朋友们会发现，放大还是缩小自己，实际上并不完全取决于外界，而更多地取决于我们的内心。这就又回到无数次提起的话题，心若改变，世界也随之改变。我们也必须全力以赴地面对人生，激发自己的信心和勇气，真正成为人生的强者，在面对人生中不同境遇的时候，始终都坚强勇敢，绝不轻易放弃。所以我们要学会勇敢地面对人生，也要坚定不移勇往直前。任何时候，人生都没有重新来过的机会，不管是自卑还是自信，亦或者是自负，我们都要接纳人生中一切事情的发生，也要真正为自己的人生负责任。

当然，尽管我们平凡且渺小，却要对于自己的人生怀有渴望与憧憬。对于自己的人生发展，我们也要怀着坚定的信心，努力把事情做得更好，也要全力以赴完成人生的梦想与渴望，这样的人生才是最重要的，这样的未来，也才是真正值得我们所期待和成就的。记住，当你脚下踩着坚实的土地，你就要勇敢地向前，努力地拼搏，你的人生将会因此而变得与众不同，你的未来也会变得更加值得期待和憧憬。

全盘接纳和爱自己

在成长的道路上，你是否曾经有过对自己不满意的感觉。实际上，每个人都会对自己不满意，因为人人都在心里把自己想成是一个完美的人，也会认为自己的未来充满着无限的可能性。遗憾的是，这个世界上从未有真正的完美，既没有完美的树叶，也没有完美的人生，而且很多人常常会在奋斗和努力进取的道路上迷失自我，失去本心。在人生成长的道路上，我们一定要非常努力进取，才能有的放矢地面对人生，也才能全力以赴做好自己该做的事情。否则，一个人如果连自己都不爱，还如何能够做到爱这个世界，爱自己所拥有的一切呢？人生道路漫长，唯有全力以赴，不忘初心，我们才能不断地成长，坚持进取和努力。

全盘接纳和爱自己，听起来很容易，因为很多人都把爱自己挂在嘴边，当成口号，但是要想真正做到这一点，却是很难的。所谓金无足赤，人无完人，每个人都有优点也有缺点，都有长处也有不足。因此，在挑剔和苛责自己的时候，他们难免会感到悲哀和绝望，也会因此对于人生更加不满。古人云，知足常乐，而一个人如果对自己都不感到知足，可想而知，他们一定会感到非常困顿，也会因为人生面临很多的艰难险阻而内心惶恐不安。要想拥有幸福的人生，要想对人生感到知足和满足，我们就要更加接纳和喜欢自己，这样才能在人生的道路上坚持前行，不忘初心，也才能在成功的道路上始终都勇敢无畏地面对自己，也给予自己的人生更多成功的可能性。还要记住的是，任何人都不可能一蹴而就，命运从来不会偏爱任何人。所以面对人生的坎坷与挫折，面对人生的未来，我们一定要更加拼尽全力做好自己，这样才能真正地成就自我。

接纳真实的自己，这一点很重要。现实生活中，我们身边常常会有很多朋友感到困惑，因为他们不知道如何接纳自己，也因此导致幸福感大大降低。实际上，接纳自己很简单，就是把自己活出最真实的模样，能够接纳自己的缺点和不足，过好自己的人生。唯有如此，我们才能更加全力以赴活出自己的精彩。

记住，这个世界上从未有天上掉馅饼的好事情，也没有免费的午餐可以享用。要想获得成功，我们就必须从点点滴滴去努力，才能不断地积累，持续的进步。其实，真正做到接纳和爱自己，就可以避免很多尴尬。现实生活中，有太多人为了爱面子，总是不好意思拒绝别人，而常常以给别人面子为理由说服自己接纳别人的安排，殊不知，这样的自我委屈是要不得的。如果总是这样过度照顾别人的颜面而委屈自己，我们在生命历程中就会失去很多的机会，也会因此而陷入被动的状态。

忠诚于自己的内心，看到这里，很多人都会感到惊讶：难道每个人不都是能够忠诚于自己的内心的吗？当然不是，大多数人在人生的历程中，常常会迷失自我，无法忠诚于自我。现实生活中，太多人不知道如何拒绝他人，也不知道坚持自己的想法和本心，这些就是很好的例子。

人生短暂，为何不大胆地做自己呢？这很重要。对自己的内心说出真实的话，对自己人生的未来有更多的设想和奢望，这也很重要。记住，你一定不是这个世界上最完美的，但是你就是独特的你，独一无二的你，你既不能成为任何人，任何人也无法成为你。你，只能是你自己。

摆正自己的位置

每个人都渴望着得到他人的认可和尊重，似乎唯有如此，人生才会是被尊重和善待的，但是，在很多的时候，我们也常常会感到困惑，因为我们哪怕非常努力，也无法如愿以偿让所有人满意。因此，迫切想要得到更多赏识和赞赏的我们，在不知不觉间就慌张了。因为我们无法获得更好的成长，也无法在成功的过程中获得更多的美好未来。既然如此，我们又该怎么办呢?

从某种意义上来说，摆正自己的位置，实际上是我们对人生进行预期的必经之路。所谓不忘初心，方得始终，我们更要坚定不移做好自己，才能在成长的道路上朝着既定的目标和方向努力。否则，如果我们对于人生都没有任何规划，自然也就不会有更好的发展和成长。

在现实生活中，每个人都在扮演着不同的角色，只有把这些角色变得更加丰满，我们才能收获充实的人生。否则，如果总是不断地拖延，导致在面对事情的时候陷入困境，则人生就无法获得长足的发展和进步。当然，在不同的人生阶段，我们对于人生的追求也是不同的。有的人渴望获得圆满的成功，有的人却对于成功有不同的理解和想法，希望岁月静好，人生无欲无求。不得不说，每个人都有自己的人生，也有自己的未来，这是不可模仿和取代的。那么对于每个人而言，最大的成功就是活成自己所期望的样子，这是在成功的道路上不断地努力进取，持续地进步和获得成长的结果。

在公司的年会上，才进入公司不久的小连正在卖力地表演。小连的表现很奇怪，甚至有些扮作小丑的样子。同事们被小连逗得哈哈大笑，但是小连却一本正经，丝毫也不笑。他越是这么严肃，越是起到强大的反差效果，让一切都更加搞笑起来。有些同事也不理解，小连为何要这么做呢？毕竟这只是公司的年会，很多同事都不愿意上台表演。

正是通过这次表演，老总记住了小连。在这个不那么大的公司里，老总的深刻印象，让小连在晋升的过程中有了更好的条件。新店开业，没有人愿意去，老总突然想起小连，说："就让那个特别搞笑的孩子去吧，他那么乐观，一定能够把市场开拓出来。"就这样，小连带着荣誉奔赴新市场，努力开拓和耕耘，在一年多之后，居然渐渐起色，而他也因此成为老总面前的红人。后来的日子里，可想而知小连的职业生涯发展很顺利，因为老总深深地记住了他的名字，也记住了他这个人。

早在民国时期，大才女张爱玲就曾经说过，出名要趁早。在这个事例中，小连的所作所为恰恰印证了这句话，正是因为他敢于在年会上表现，才在老总心中留下了这么深刻的印象，也才有了后来的晋升。如今，已经不是酒香不怕巷子深的时代。在现代社会，人才济济，很多人都挤破了脑袋想要从众多竞争者之中脱颖而出，如果不能有更好的表现，那么也许就会被后来者居上，也就根本不可能真正获得成长，获得成熟。因此，我们一定要更加辛苦和努力，才能全力以赴做好自己该做的事情，也才能在这个人才济济的时代里获得更多的成长和发展。

当一个人摆正自己的位置，就不会找不到自己。尤其是在竞争激烈的现代社会，更是要全力以赴去成长和发展，才能为自己赢得一席之地。当认为自己不够好的时候，也没有关系，因为每个人都既有缺点，也有优点，既有不足，也有长处。只有做好自己，绽放独属于自己的精彩，我们才能更加接近生命的目的地，真正获得人生中梦寐以求的成功。

第09章

优秀的你，配得上世间的所有美好

优秀的你，足以配得上世间的一切美好，当然，最重要的是你要足够优秀，你要与你所想得到的一切相匹配。人们常说，你若盛开，清风自来，实际上在漫长的人生道路上，每个人都渴望得到更多，但是大多数人却要在遗憾和失落中度过，因为命运总是残酷的，让理想那么丰满，让现实那么骨感。当然，不管命运多么残酷，我们都可以以不变应万变，那就是让自己变得更加优秀，让自己吸引世间一切美好的事物。

兴趣是最好的老师

人们常说，兴趣是最好的老师，因为面对自己喜欢做的事情，人们总是可以拼尽全力去战胜困难与坎坷，去努力争取做到最好，而面对自己不喜欢做的事情，人们总是感到厌倦和排斥，即使在没有困难的情况下也很难坚持，更何况做每件事情都有一定的难度呢？所以要想在人生中做成更多的事情，我们就一定要遵从心的指引，而不要违心地去做很多事情，否则就会很难坚持下去。只有在兴趣的指引下，我们才会有更加顽强的毅力，也才能更加无所畏惧，在人生的道路上勇往直前。

兴趣是最好的老师，很多孩子因为不喜欢父母报名的兴趣班，所以在学习方面表现一点儿都不好，总是三心二意，不思进取。而对于他们真正感兴趣的事情，即使父母不督促他们去做，他们也会坚持，哪怕付出再多的辛苦都绝不后悔。不仅孩子如此，成人也是如此。人的本能都是趋利避害，对于自己真正感兴趣的事情，人们总是可以做到真心相对，而对于自己并不那么感兴趣的事情，即使有着丰厚的回报或者可以得到极大的激励，这样的外部驱动力也很难保持长久强劲的效果。和外部驱动力相比，兴趣引发的内部驱动力才是更加持久的，也能够起到更好的效果。

那么，到底什么事情才是我们感兴趣的，也是我们真正的天赋所在呢？实际上，每个人都有自己的天赋，最重要的是要抓住天赋，从而才能发展天赋。实际上，没有必要因为不知道自己的天赋所在而感到烦恼。最重要的是，一定要了解自己心中最喜欢做的事情，从而跟随心的方向和指引，拥有更加充实的人生和更加美好的成功。也有些朋友对于自己喜欢做的事情会感到迟疑，因为他们不知道自己喜欢做的事情是否真的是天赋所在，是否真的会获得成功。实际上，当一个人把成功抛之脑后，不带有功利心地去面对和迎接成功，那么也许就会迎来人生中“山穷水尽疑无路，柳暗花明又一村”的美好境遇。尤其需要注意的是，人生的道路漫长，但是这并不意味着我们有无穷无尽的青春光阴可以去挥霍。张爱玲说，出名要趁早，对于每个人的人生而言，一切也都要趁早，才能为自己争取到更多的时间，也才能把事情做在前面，给自己留有回旋的余地。时光是很无情的，不要总是在时光的流淌中徘徊和徜徉，而是要坚定不移地确定人生的梦想和努力的方向，这样你才能全力以赴勇往直前，也才能在努力进取的道路上不断地提升和完善自己，成就更加美好和充实的人生。

专注于做让你心生欢喜的事情

马云曾经说过，梦想总还是要有的，万一实现了呢？正是在这句话的鼓励下，很多曾经胆怯和畏缩的年轻人，选择坚定不移地做好自己的梦想，既然选择了梦想的道路，跪着也要走完。马云还曾经说过，不被嘲笑的梦想不是真的梦想，这句话告诉我们梦想总是难以逃避被嘲笑的命运，而当我们真心为了梦想付出一切努力，就不要总是过于在意他人的嘲笑，而是要坚定不移走好属于自己的梦想道路和人生道路，也要拼尽全力去提升和完善自己，让自己把每一件值得的事情都做得更好。

人生之中，每个人的当务之急是什么？不是追名逐利，也不是金钱和物质，而是选定自己喜欢做的事情，也相信自己有天赋和能力把这件事情做好，接下来就是专注于自己喜欢的事情，不遗余力。任何时候，我们都不要屈服于现实，正如人们常说的，理想总是丰满的，现实总是骨感的，即使现实给予我们残酷的打击，我们也要不忘初心，只有在千帆过尽之后，我们才能获得小小的成功，也才能受到成功的激励，继续努力前进，砥砺前行。

在电影《百万美元宝贝》之中，一名拳击教练带着31岁的女性拳击学徒，一起努力奋斗和拼搏。学徒的生活非常困顿，梦想支离破碎，家庭一贫如洗，但是她始终都没有忘记自己的梦想，那就是成为一名优秀的拳击手。因此，她几次三番来到拳击馆，想要拜功成名就的拳击教练为师。不得不说，对于一个人到中年的女性而言，练习拳击并不是好的选择，因此经验丰富的拳击教练一次又一次拒绝这位学徒。直到后来，他被这个学徒的坚持不懈所打动，破格收了这个女学徒。虽然直到影片的最后，学徒也没有实现自己的梦想成为了不起的拳击手，但是距离梦想还有一步之遥的她依然感动了所有人。在现实生活中，你是否也曾经怀揣着梦想，却被身边的每一个人嘲笑和否定呢？在遭受重重磨难和的打击的情况下，你是否还有信心和勇气继续努力，多一次尝试呢？如果没有，那么你注定要与梦想绝缘。如果你有，那么你也未必会获得世俗定义下的成功，但是你一定可以成功地突破和超越自己。

现实生活中，有梦想的人太少了，太多的人只在少不更事的时候才会有梦想，而随着不断的成长，当距离残酷的现实越来越近，他们就会距离梦想越来越远。从这个意义上来说，不是梦想抛弃了我们，而是我们抛弃了梦想。真正坚定不移想要实现梦想的人，哪怕被梦想唾弃，也从来不会遗忘和迷失自己的本心，他们总是继续努力向前，即使梦想被嘲笑也始终坚持，即使未来面对很大的困境也绝不放弃。这是因为他们坚信自己有朝一日终会实现梦想，也因为他们坚信自己有朝一日会获得真正的成功。

作为百度的创始人，李彦宏的人生从来不是一帆风顺的，甚至在百度已经获得很好的发展之后，作为百度的掌门人，李彦宏也常常会被人质疑为何百度的市值会缩水，为何他作为科技人物会在排行榜上排名下降。作为百度的当家人，李彦宏对此始终保持着淡然的心态，不忘初心，做好自己该做的事情，等待收获和成就。正是因为如此，李彦宏在百度始终都是那个稳坐泰山的人。其实，不仅这些叱咤风云的人物会面对人生的跌宕起伏。作为普通人，在面对人生的时候，我们也同样会遭遇人生的波峰波谷，只有怀着淡然的心去面对，只有怀着从容的态度去做好自己，我们才能集中所有的力量，在艰难的时刻里始终坚持前行。

现实生活中，很多朋友在有了好的想法之后总是因为过度思虑，而导致自己杞人忧天。不得不说，未雨绸缪是有好处的，但是过度杞人忧天，只会导致我们在面对人生的时候固步自封，不能全力以赴去做好自己该做的事情，也不能有的放矢成就自己的人生。任何时候，我们都要更加积极主动，才能在人生的道路上获得长足的成长和发展，也要相信自己心中的感受，坚持去做自己擅长且喜爱的事情。当坚持达到一定的境界，我们就会在成长的道路上有更好的发展，我们的未来也会因此而变得璀璨夺目！

记住，专注的力量是非常伟大的，可以让原本平庸的人绽放出光彩，也可以让人生在面临很多困境时，创造出奇迹。不要被那些还没有发生的事情困扰住，这些事情尽管有很大的难度，但是当你真正去做的时候，随着你的不断成长，随着事情的不断发展，那些原本横亘在事情中的难题和障碍也许就会迎刃而解。所以一旦想好了，就要去做，这样的你才会变得更加强大，在人生的道路上勇敢无畏，努力向前！

全力以赴走好属于自己的人生之路

大文豪鲁迅先生曾经说过，“这个世界上本没有路，走的人多了也便成了路”。在现实生活中，也常常有人感到迷惘，不知道人生的道路应该何去何从，更不知道自己应该朝着人生的哪个方向走过去。实际上，人生之中，路就在脚下。所谓天无绝人之路，这告诉我们每个人在人生之中只要勇敢地去走，就总能走出独属于自己的人生道路来。当脚下布满泥泞与坎坷，当人生之中长满了荆棘的时候，不要畏缩。在天地之初一片混沌的时候，不就是因为盘古勇敢地开天辟地，天地才豁然顿开的吗？所以面对人生的困厄，我们也要学习盘古的精神，遇到山就爬山，看到水就渡河，哪怕在荆棘上行走，导致双脚之下遍布鲜血，也绝不畏缩。只有这样毅然决然的勇气和毅力，我们才能全力以赴走好属于自己的人生之路，才能在成长的过程中不断地提升和完善自己，让自己的未来更加勇敢前行。

很多人都以为梦想非常遥远，甚至只把梦想当成是一个遥不可及更没有可能实现的空想。不得不说，这种对于梦想的态度是错误的。当你在人生的道路上感到迷惘的时候，梦想恰如悬挂在天边的一颗星星，始终都在绽放出光芒，指引着你在人生的道路上保持正确的方向，坚持正确的道路，努力向前。有的时候，我们误以为别人的成功都是轻而易举获得的，实际上，别人的成功得来从不容易。在这个世界上，根本没有天上掉馅饼的好事情，更没有一蹴而就的成功，要想迎接黎明的到来，我们就要熬过漫长的黑暗，要想获得成功的荣耀，我们就要坚持对梦想付出，也要全力以赴做好该做的事情。

在面对人生岔路口的时候，我们未免会感到迷惘，甚至看着通往不同方向的道路，根本不知道自己应该何去何从。当然，容易走的路固然好走，但却是人生的下坡路。当你走得艰难的时候，应该为自己感到庆幸，因为这意味着你的人生之路正在走上坡，你的未来也必然随着不断推进而变得越来越好。很多人都会感到犹豫不定，迟疑不安，因为他们害怕面对未知的结果，也害怕自己在行走人生的过程中陷入各种困境。实际上，对于人生而言，最糟糕的结果从来不存在，因为哪怕身处绝境，那些心中有希望有方向的人，也会努力地开拓出新的道路来。

换一个角度而言，当你因为迟疑而刻意回避的时候，当你因为未来而不愿意面对自己的人生时，你不但避开了失败，也同时失去了成功的一切可能。任何时候，都不要总是对于人生有过高的期望，这样你才能想好最坏的结果，让自己破釜沉舟，勇敢无畏地前行。正如人们常说的，光脚的不怕穿鞋的，人之所以面对很多选择的时候内心恐惧，就是因为他们害怕失去已经拥有的一切。在这种情况下，如果能够设想最坏的结果，在做好准备承受最坏结果的基础上，再努力地去争取最好的结果，无疑是会给人巨大勇气和强大力量的。

秦朝末年，因为秦王发布的苛捐杂税的政策，导致百姓民不聊生，因此很多人揭竿起义，反抗秦王的暴政，其中，尤其以陈胜吴广的队伍力量最为强大。后来，项羽的军队在巨鹿打败秦军，使得秦军元气大伤，也成为反抗秦朝的伟大力量。

当时，秦国的将军章邯率领大军把赵国密密麻麻围困起来，赵王生怕就此遭遇亡国之灾，因此派人向楚王求救。楚王深知唇亡齿寒的道理，也知道作为小国家要想对抗秦国，在秦国的强大之下生存下来，就必须守望相助，因此他当即任命宋义为上将军，任命项羽为次将军，让宋义和项羽带领大军赶去给赵国解围。没想到，宋义身为上将军，却是个贪生怕死之辈，在到达半路的时候，他就命令军队就此安营扎寨，不再向前。宋义每天花天酒地，纵情享乐，而将士们却缺衣少食，忍饥挨饿。项羽气不过，终于拔刀杀死宋义，自命为上将军，带领军队开拔。到达漳河的时候，项羽先命令精锐部队去切断秦军的粮草供给线，接下来亲自率领大军渡过漳河。过河之后，项羽下令砸碎做饭用的锅灶，烧掉宿营用的帐篷，最重要的是还凿穿了渡河用的船只。项羽只给每个人发了三天的粮食，告诉全体将士不能打败秦军，也要战死沙场。项羽的所作所为让全体将士都感受到他誓死也要战胜秦军的决心，为此全体将士都视死如归，以一当十。在接连对秦军发起了九次进攻之后，他们终于成功地战胜了秦军，让秦军大伤元气。项羽与秦军的巨鹿之战，让秦军溃不成军，也为秦军几年后的灭亡做了伏笔。

如果项羽不这样破釜沉舟，不是在与秦军决一死战之前给自己断掉后路，他后来就不可能真正地战胜秦军。正是因为有了这样决绝的勇气，有了不成功就成仁的顽强信念，项羽才能带领大军战胜秦军。

人生之中，在做很多事情的时候，人们都习惯于给自己留下退路。例如前些年的公职人员可以办理停薪留职去创业，不得不说，有退路固然好，但是却也削弱了人们在做很多事情时的信心和勇气。对于人生，我们一定要更加全力以赴。有人说，做事情要不遗余力，实际上不遗余力是不够的，还要拼尽全力才能更加在人生的道路上做出伟大的成就，创造美好的未来。任何时候，人生都没有回头路可走，就像保尔柯察金所说的，人最宝贵的就是生命，生命对于每个人而言都只有一次机会。既然如此，我们就要把人生过得精彩，也要尽量减少人生的遗憾。任何时候，都不要迟疑，想好了就要去做，选定了道路就要去走。只有抓住宝贵的生命时光，努力做好该做的事情，我们在人生中才会了无遗憾，才会创造更大的人生奇迹！

心怀希望，才是真的富有

说起富有，人们对此总是有不同的理解和定义。有人觉得所谓富有，就是拥有更多的金钱和财富，也有人觉得权利比金钱和财富更加重要，所以他们觉得富有就是要有权势。还有人觉得自已很年轻，有大把大把的时间可以挥霍，比一切的大富豪都更加富有。而实际上，一个人即使很年轻，如果怀着一颗已经退休的心面对人生，从来不愿意积极地改变和创造人生，那么他们也就不是富有的。可以说，真正的富有，是心怀希望。当一个人心中怀着希望，他就不会因为年纪大而放弃努力，也不会因为自己拥有的太少就对人生怨声载道。相反，更多的时候，他们会努力地面对人生，会从容不迫地活出自己想要的样子，哪怕遭遇坎坷挫折，他们也会因为希望的指引而绝不放弃。这样的人生，顽强坚毅，精神上无比强大，才是真正的富有。

希望，是人生的领航灯，不管人生是在天上飞着，还是在海里漂着，亦或者是脚踏实地地走着，都需要以希望作为人生的指引。只有在希望的照耀下，我们的人生才能避免被黑暗吞没，我们的未来也才能继续努力地前行。有希望，人生就有力量。面对梦想，很多人都失去了希望，他们总觉得自己把梦想丢弃了，人生也随之变得黯淡无光，似乎再也没有机会找回梦想。其实不然。人生何时开始都不算晚，对于梦想，我们也要怀着宽容的态度。摩西奶奶在七十多岁的高龄拿起了画笔，找回了遗失大半生的梦想。我们还如此年轻，为何就要放弃梦想呢？记住，只要心中有梦想，梦想就永远属于你。

现实生活中，有太多的人没有梦想，其实在年幼的某一天，他们一定也曾经大胆地设想过人生，怀揣过梦想，只不过在人生的道路上一路颠沛流离地走着走着，他们不知不觉间就迷失了梦想。没关系，梦想丢了还可以找回来，希望总会点燃梦想，也总会让我们的人生呈现出与众不同的精彩画面。当然，要想做到这一点，前提是我们自己必须坚定不移，不放弃、不畏缩，在实现梦想的道路上始终勇往直前。记住，你离梦想之间只差一份勇气，当你怀揣着勇气找回梦想，你就可以切实地迈向梦想，也可以在人生之中成就辉煌。

人生之中，未雨绸缪固然好，但是如果忧思过度，就会变成杞人忧天。无穷无尽的焦虑和恐惧会限制我们展开实际行动，正是在这样的过程中，我们慢慢地迷失自我。实际上，除了要稳妥起见，我们还需要付出更高的热情和更大的勇气，只有这样，我们才能在进行初步周全的设想之后，当机立断去做。很多时候，随着光阴的流转，每个人面对人生的态度也在不断地改变。很多事情，也许当时不去做，未来就没有兴趣去做了。从这个意义上而言，在人生之中，任何时候都不要失去勇气，只有有勇气的人才能成为人生的主宰，也只有有希望的人，才能在勇气的驱使下成为真正的人生强者。

很久以前，有个人一直梦想着能够环游世界。但是，这个梦想需要太多的钱，也需要足够的时间和精力。这个人一直在努力辛苦地工作，却始终都没有攒够钱进行旅行。直到有一天，他因为身体不适进入医院，被医生宣判他身患绝症，人生只剩下一年的时间。这个时候，他才感到急迫，觉得自己如果再不努力，就会彻底失去实现梦想的机会。

因此，他变卖了所有的家产，带着仅有的金钱踏上了环游世界的旅程。大多数时候，他都没有动用自己的钱，而是靠着轮船上当杂工来赚取食物；靠着在路边拦截过往的车辆，让自己走过更多的地方。一路上，他风餐露宿，却感到很高兴，因为他正在实现梦想。整整一年的时间过去，他非但没有感受到身体日渐孱弱，反而觉得自己的身体越来越强壮。回到家乡的时候，他又去找到医生检查身体，结果医生在进行一系列的检查之后简直难以置信，因为他身体内的癌细胞全都奇迹般地消失了。此后的人生中，他珍惜每一天，因为每一天都是命运对他的赏赐，也让他由衷地感恩和满足。

人生之中，很多人都会愁眉苦脸，觉得自己得到的太少，而失去的太多。实际上，对于每个人的生命而言，命运都是公平的，他在给人关上一扇门的同时，也会为人打开一扇窗。因此我们要想得到生命的眷顾和善待，就要学会感恩，就要在有了美妙的梦想之后当机立断去努力实现梦想。这样的人生，才会变得更加充实，也会富有意义。

人生，固然需要四平八稳，有的时候也需要疯狂一把。当你在现实中条条框框的禁锢下无法全力以赴做好自己，偶尔，你也可以打破所有的局限，跟随自己心的方向，去狂奔。常言道，人不轻狂枉少年，就像夫妻之间一辈子都在举案齐眉也会很无聊一样，人生之中，我们也要有“白日放歌须纵酒，青春作伴好还乡”的豪情。当你打破中规中矩的人生，在希望和热情的指引下奔向人生的终极目标和方向，你会发现自己的人生原来这般精彩，这般不同凡响！

走到人生中从未见过的美景

对于人生，每个人都有无穷无尽的幻想，大多数人都梦想着人生可以无比绚烂和辉煌，也有人希望得到岁月静好、现世安稳的人生。不管是怎样的梦想，都是对于人生最美好的渴盼和憧憬。然而，有一种人生相信是每一个人都不想要的，那就是数十年如一日的人生。现实生活中，很多人的生活安稳得让人难过，他们的人生圈子非常小，甚至只有一亩三分地，因此尽管他们活过很多年，却从未有过更多的人生阅历，每一天安稳的生活也只是前一日的重复，因此他们内心难免感到沮丧和疲惫。这样的情绪是可以理解的，因为没有人愿意自己的人生白白地活过。

人生，总要有些新鲜的内容呈现，才会是更加精彩和让人耳目一新的。然而，当人生总是疲惫地重复时，不要抱怨，也不要总是对此无奈地接受，而是要学会积极主动地改变人生，也要学会在人生中发挥创意，让人生变得与前一日不同。这一切都取决于我们对待人生的态度，也最终会影响人生最终的结果。

在娱乐圈里，林志颖一直有着不老男神的称号，这是因为时光的雕刻刀似乎在面对林志颖的时候特别温柔，舍不得在林志颖的脸上留下深刻的岁月痕迹。时至今日，林志颖俨然已经成为人生赢家。在当年的小虎队里，吴奇隆才刚刚结婚几年，没有孩子，而林志颖却已经在有了大儿子之后，又有了一对颜值极高的双胞胎儿子，让人忍不住期待林志颖在带着大儿子参加完《爸爸去哪儿》之后，有朝一日还能带着一对双胞胎儿子也参加《爸爸去哪儿》。但是，人们只看到林志颖的春风得意，却很少人知道林志颖有多么努力和拼搏。在明明可以靠着颜值成功的时代里，他却非常有实力。大多数人只知道林志颖是一位歌手和演员，却不知道林志颖还是非常英俊帅气的职业赛车手。除此之外，林志颖还是摄影师、企业家，也是公益大使，还有其他各种身份。人们总是说一个人的时间和精力都是有限的，但是林志颖的经历却让美国总统奥巴马都感到震惊，这是因为林志颖是一个小小的宇宙，蕴含着巨大的能量，居然能够把那么多的事情都做得出类拔萃。

命运从来不会亏待一个努力的人。当你把时间花费在哪里，哪里就会开花结果。那么，英俊帅气又多金的人生赢家林志颖都这么不懈怠地努力，作为普通人的你，可曾有过把汗水跌落地上摔成八瓣的经历呢？如果你没有，那么不要盲目地羡慕林志颖，而是要从现在开始就调整好心态，非常努力，非常拼搏，非常拼尽全力。

中央电视台的知名主持人董卿是不折不扣的央视一姐，但是正当事业如日中天、大红大紫的时候，她却选择隐退，去美国学习，去沉淀和充实自己。不得不说，做出这样的选择需要莫大的勇气，董卿的自信也由此可见一斑。任何时候，都不要以为外部世界是停滞不前的，更不要因此而让自己处于止步的状态。要知道，生活如同逆水行舟，不进则退，唯有全力以赴坚持向前，我们才有可能与生活保持同样的速度向前。要想超前于生活获得进步，我们就要更加努力进取。

此时此刻，年轻的你也许正在面临人生的十字路口，你内心的彷徨和忐忑，都让你无法从容地面对即将遇到的一切。实际上，往前走，有可能是绝境，也有可能是坦途。即使遭遇绝境，又有什么关系呢？对于人生而言，永远是不经历无以成经验，只有经历更多，我们才能不断地反思和成就自我，也才能获得长足的进步和发展。

在北京，有个小伙子曾经在IT行业上班，每天过着朝九晚五的生活，出入于写字楼之中，看起来光鲜亮丽。但是有一天，这个小伙子突发奇想：人生不能这样按部就班地过下去，我必须要开拓人生崭新的天地！就这样，他改行回家种植木耳。原来，他的家在东北，那里有全国最为广阔的森林资源，也出产全国最好的木耳。就这样，他曾经打拼得到的一切全都归零，他成为了一个地地道道的农民，且还是一个丝毫没有经验的农民。选择种木耳，他必须从头做起，开始学习，也偶尔需要交学费，为自己的错误买单。尤其是在推广环节，他常常会遭遇白眼，会被人拒绝。但是，这一切都不能使他退缩。

又是一个十年过去，如今的他已经成为当地有名的木耳种植大户，很多客户自从吃过他的木耳，就成为了忠诚的购买者，每年都来他这里买木耳。从骑着人力三轮车在北京的各种集市上叫卖，到把木耳推广进入超市，他对自己的十年很满意，也对自己未来的十年充满期待。

就像去旅行，走在山里，如果你始终沿着人工开凿好的道路去走，怎么可能见识到人迹罕至的美景呢？最原始天然的美景，就在人们都不曾到达的地方，如果你也不曾到达，那么你就没有机会看到令人窒息的美。人生，固然需要按部就班做好很多事情，也需要打破常规，不走寻常路，这样才能进入人生中崭新的境遇，也才可以让人生绽放出与众不同的光彩！

记住，每个人都是这个世界上独立的生命个体，每个人都要活出独属于自己的精彩，才能成就更完美的自己。否则如果把自己当成是别人成功的复制者，或者无法打破自己人生的局限，而只能把自己和人生装在套子里，那么这样的人生就是彻底失败的，也是不值得期待的。人生，没有重来的机会，我们只有在人生的道路上努力勇敢、坚定无畏，才能勇往直前，走到人生的柳暗花明新境界！

不忘初心，方得始终

人们常说，不忘初心，方得始终。而实际上，在现实生活中，真正能够坚持自己本心的人却少之又少。在纷繁复杂的现实中，很多人不知不觉之间就会迷失了自我，也忘却了初心。相信很多人都曾经有过这样的遭遇，那就是当非常热切地渴望去做一件事情的时候，往往会被身边的人嘲笑和打击。当特别盼望着能够达成自己的一个心愿时，却会因为身边人的反对而产生动摇。无数人的想法都被淹没在别人的各种意见、争执和口水之战里，不能继续坚持下去，就这样在成长的道路上迷失了自己，失去了本心，也距离成功越来越远。只有真正坚持去做那件事情，你才能够更加友善地面对自己，直到有一天终于从各种坎坷挫折中趟出来，你会意识到自己原来有这么强大的能力，可以做好很多人都不看好的事情。这就是坚持的力量，这就是坚守自己的本心绝不轻易屈服的魅力，可以让你足够得努力勇敢，也可以让你迸发出强大的精神力量。在这种情况下，你连流淌下来的眼泪都带着甜蜜，你的内心充满了喜悦，你的人生充满了无限的渴望和惊喜。

的确，生命是漫长而又曲折的过程，是一场没有目的地的旅程，不是因为生命本就漫无目的，而是没有人知道生命的终点将会在何时突然出现。面对未知和无常的生命，要想让自己无怨无悔，把每一天都努力地度过，最重要的就是要找到自己喜欢做的事情，然后努力地坚持下去。很多时候，你并不能得到身边人的支持，而只能孤独的一个人坚持前行，也有很多时候，你甚至会被排斥和反对，但是你却不能退缩。因为退缩意味着彻底地失败，只有不忘初心，砥砺前行，你才能最终活成自己期望的样子。

人生从不遥远，未来也已经到来，面对生命中各种热切的渴望，我们一定要坚持，这样才能活出自己的样子，而不要总是因为别人说什么或者做什么就随随便便改变自己，否则就会导致自己陷入被动的状态，甚至失去对于生命的主宰权力。

台湾大名鼎鼎的作家林清玄，小时候就告诉父亲自己想要不出家门就赚钱，一辈子都是农民的父亲觉得林清玄一定是在痴人说梦，还嘲笑林清玄的梦想根本不可能实现。然而，若干年后，林清玄成为大名鼎鼎的作家，他就在家里写作，然后收到稿费。不得不说，林清玄实现了自己的梦想，这是源自于他内心对于梦想的坚持。任何时候，我们都不要盲目地失去初心，而是要更加全力以赴做好自己该做的事情，这样才能更加坚持，也获得收获和结果。

也有很多朋友担心自己所坚持的事情是错误的，实际上这样的担心没有必要存在。因为在这个世界上，没有任何人能够保证自己的每一次选择和决定都是正确的，既然如此，就不要奢望自己从来不会出错。每个人在人生的道路上都会犯错误，犯错误并不可怕，而是人生的正常状态。只有不断地积累自己的经验，反思自己的内在，从错误和失败中汲取经验和教训，这样我们才能踩着错误作为阶梯不断前进，持续进取。记住，没有人可以一步登天，正如西方国家一句谚语所说的，罗马不是一天建成的。我们一定要端正态度，以良好的心态面对人生，这样才能从容地进步，不断地积累，最终积小流以成江海，积跬步以致千里，从而让人生持续成长和壮大起来。

在为自己设定梦想之后，为了给予自己小小的激励，还需要注意的是，不要把梦想树立得过于远大了。因为过于远大的人生梦想，只会导致人长时间得不到认可和鼓励，因而变得懈怠。在确立远大的人生目标之后，我们还可以把目标进行分解，将其分解成为中期目标和短期目标。这样一来，每次实现短期目标，我们就可以更加进步，也可以全力以赴做好自己该做的事情。从中得到激励，这对坚持努力奋斗是很重要的，也会给予我们很大的激励，让我们在进步的过程中始终坚持。

人生的道路从来不是一帆风顺的，越是通往梦想的道路，越是前行艰难。正如一位名人所说的，梦想的道路一旦选定，就算是跪着也要走完。那么我们面对人生的选择更要勇敢地肩负起责任，这样才能把道路走完，也才能最终到达人生的目的地。

此外，在坚持从事新鲜的事情时，我们还要坚定自己的心。新生事物出现的时候，总是会被很多人诟病，也会有很多人根本不愿意接受新鲜事物。哪怕你勇敢地想要成为第一个吃螃蟹的人，你也总是会面对大家怀疑的目光和质疑的声音。只有内心足够坚定，你才能坚持走自己选定的道路，做自己想做的事情。记住，人生中没有从天而降或者一蹴而就的成功，只有不断地努力，勇敢地进取，我们的人生才会有更加美好的未来和成长！

一分耕耘，一分收获

看到这个题目，一定会有很多朋友在第一时间想到：付出了也未必有收获。的确，我们不能反驳这句话，因为很多时候付出了的确未必有收获，那么反过来想一想，如果不付出呢？结果会是什么？不付出没有任何其他的可能，既然天底下没有免费的午餐，不付出的结果就只能是毫无收获，也绝不可能有收获。在这样的选择之下，你选择什么？如果你很明智，也善于权衡利弊，你就会知道一定要付出，因为付出才有可能得到收获。

正如人们常说的，理想总是丰满的，现实总是骨感的。很多时候，我们怀揣着伟大的梦想，却不得不面对苍白无力的现实，就一定要调整好心态，要知道人生中的很多事情之间的因果关系并不是对等的。既然如此，我们既要怀着坚定不移的信念付出努力，也要带着随遇而安的心态接受命运的馈赠，只有两者面面俱到，才能最大限度地打开心扉，让自己的人生拥有更加开阔的未来。

日常生活中，看到别人轻而易举获得成功，我们往往会陷入一个误解之中，即觉得别人的成功都是一蹴而就获得的，根本没有什么了不起的地方。不得不说，这样的想法是完全错误的。因为别人在获得成功之前，已经付出了长期艰苦卓绝的努力，已经进行了非常艰难的坚持，而这一切都是我们所不曾看到的。所以不要因这样小小的误解就断言别人的成功是随随便便捡来的，这个世界上从没有一蹴而就的成功，更没有天上掉馅饼的好事情，你所以为的别人轻松获得的成功，都是他们在人生的旅途中不断努力的结果，也是他们在面对艰难的事情时候绝不放弃的坚持。要想获得成功，我们就要比别人更加努力和坚持，才能获得命运慷慨的馈赠。

当然，这并不意味着机会就不重要。从某种意义上而言，一个人如果在努力之余还能得到命运的眷顾，还能得到机缘巧合的好运气，那么他们的成功就会来得更加猛烈。例如在如今的互联网时代，马云、李彦宏、马化腾等，他们都是因为抓住了时代的好机遇，自身也非常努力和坚持，才能够如愿以偿地获得成功。他们对于命运的把握恰到好处，既没有早一分，也没有晚一秒，就像抓蛇抓住七寸一样，他们一下子就扼住了命运的咽喉。这样的他们，才能够与时代共同成长，领先于时代。

幸运固然可以助力于成功，却不会对于成功起到决定性的影响作用。每一个人要想获得幸运的青睐，就要牢记一句话，即机会总是给那些有所准备的人准备的。任何时候，我们都不要忽略了机会的重要性，而要为了抓住千载难逢的好机会而时刻准备着。只有当努力付出与良好机遇合二为一，我们的人生才会获得更快速的成长和进步，我们的未来也才会璀璨辉煌。

在如今的时代里，很多人都有怨气，他们总是觉得自己被命运亏待，得到的太少，失去的太多。不得不说，当一个人对于人生怀有怨气，他很难在人生之中获得更好的成长。任何时候，我们都要怀着感恩之心面对人生，只有越努力才会越幸运，而一味地抱怨只会让我们的现状更加糟糕。与其羡慕别人的成功，与其羡慕别人的好运气，不如从现在开始就调整好心态，心甘情愿地付出和努力。人生总是有心栽花花不成，无心插柳柳成荫，当你消除自己的功利心，勇敢无畏地面对人生，绝不吝啬付出，你也许就会得到生命的馈赠，也得到命运丰厚的回报。

第10章

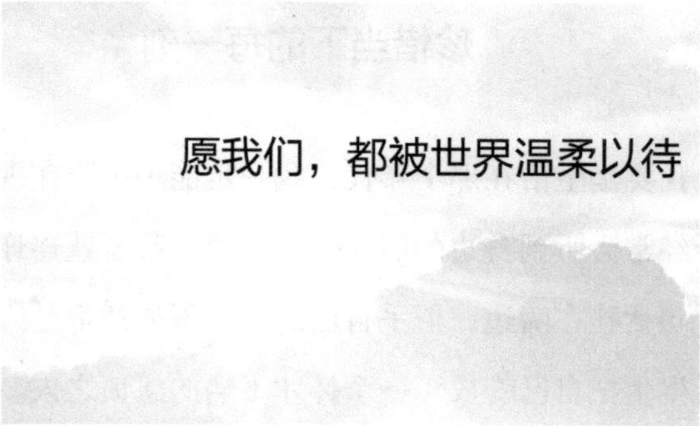

愿我们，都被世界温柔以待

世界以痛吻我，我却报之以歌。这样的人生态度固然充满诗意，但被很多人断言为是不可能实现的，然而，只要努力，一切皆有可能。当你摆正自己的心态，对世界充满感恩，当你努力以友好的态度面对周围的人和事情，你总能如愿以偿被世界温柔以待。这样的美好与温情，将会是命运赐予你的最美好的礼物。

珍惜当下的每一刻

“我要是生活在那个年代，我一定能……”在现实生活中，你是否经常会听到身边的朋友们这么说，甚至就连你自己，也常常把这句话挂在嘴边，似乎自己的一切不如意都是因为时代造成的，活生生把自己变成了一个怀才不遇的怨愤之人。实际上，在如今的时代里，在这个最美好的当下，并不存在真正怀才不遇的人。机会这么多，如果一个人真的有才华，总会找到舞台施展出来。这个爆发的时代，也给予了每个人爆发的机会。所以不要再怨声载道抱怨自己没有出生在一个乱世成为英雄，如果真的出生在乱世，你这样抱怨也许连生存下去的勇气都没有了。最重要的在于，我们要珍惜当下的每一刻，也要活好现在的每一分每一秒，从而才能在成长的道路上不断地努力进取，坚持奋斗。

你要相信，此时此刻，就是人生中最美好的时刻。不管你正在经历和承受什么，这一切都是你理所当然应该承受的，无从逃避，也不要抱怨。因为抱怨非但不能解决问题，还会影响我们积极的心态，导致我们失去理性，能力降低，对于很多事情会变得更加被动和无奈。一切发生的都是命运最好的安排，我们所能做的首先是接受，只有在接受的基础上，我们才能勇敢无畏地努力向前，才能绝不迟疑地走好属于自己的人生道路。

对于人生的现状，小敏曾经感到很不满意。这是因为她的丈夫是一个特别木讷的人，从来不懂得风花雪月，只是一个普通的小工人，她觉得靠着丈夫改变命运几乎不可能。因此，小敏开始不安于现状，最终与一个更加成功的男性发生了婚外情。就在小敏对丈夫提出离婚，而渴望与憧憬和那个成功男人结合的时候，小敏突然查出患有乳腺癌。那个男人瞬间消失得无影无踪，就像从地球上蒸发了一样。这个时候，丈夫不离不弃地陪伴在小敏身边，还把家里的房子也挂出去要卖掉，给小敏治病。小敏不知道该说什么好。看着这个老实木讷的男人，小敏从出轨之前浅浅的爱，到出轨之后一点儿都不爱，甚至看了就讨厌，再到此时此刻对男人心生感激，经历了非常复杂的感情变化。

最终，经历了漫长的治疗，经历了无数的苦痛，小敏终于意识到：陪伴，是最长情的告白。在小敏没有患病之前，丈夫已经准备同意和小敏离婚，但是在小敏身患重疾之后，丈夫却坚决反对与小敏离婚。小敏终于知道什么是真爱，但是她不忍心拖累丈夫。丈夫动情地对小敏说："以前，你不喜欢我，所以我也不想总是出现在你面前，惹得你心烦。在没有找到你喜欢的人照顾你之前，就让我照顾你，这是你给我的机会。"小敏哭起来，原来，她曾经抱怨命运不懂得她的苦，却不知道这一切都是命运最好的安排。

在这个事例中，小敏对于人生是不那么满意的，因此她开始折腾，这正印证了那句话，生命不息，折腾不止。然而，直到自己身患绝症，小敏才知道什么是真正的爱，也才明白了丈夫的好。愧疚的小敏不愿意接受丈夫的怜悯和照顾，直到丈夫说出那一番感人肺腑的话，她才深刻领悟到在现实生活中，很多事情都是最好的安排。因此，她重新接受丈夫，和丈夫一起在爱情的包裹之中共同战胜病魔。

对于人生中的很多事情，人们都会感到不满意，这是因为这些事情都不是他们所期望发生的，甚至还有可能是他们无力承受的。在这种情况下，不要一味地抱怨命运坎坷，也不要总是奢望得到命运的善待。只有摆正心态，从容理性地面对命运的一切安排，我们才能激发内心深处更为强大的力量，与命运进行搏斗，最终成为人生真正的强者。记住，此时此刻，一切都是最好的安排，我们唯有更加全力以赴过好属于自己的人生，才能在人生的道路上不断地成长，努力地进步，也才能在未来的日子里享受美好的生活。

关注小细节，发现小确幸

对于生活，我们常常会感到迷惘，因为我们不知道如何面对生活的波澜起伏，尤其是当生活总是那么不如意的时候，我们更是会陷入生活的被动状态之中无法自拔，也因为自身能力有限无法解决和处理好所有的问题，所以会对此产生无力感，也感到非常无奈。正如人们常说的，人生不如意十之八九。的确，生活是有很多不如意的，也可以说不如意的状态就是生活的常态。但是面对生活，我们还是要消除沮丧的情绪，这样才能带着对生活的热爱，更加有的放矢地面对人生。

有位名人曾经说过，这个世界上并不缺少美，缺少的只是发现美的眼睛。我们也要说，生活中并不缺少感动，缺少的只是我们对于生活的感恩和细腻的感情。当我们总是能够关注细节，就会发现在生活的不引人注意之处隐藏着很多小确幸。对于每个人而言，如果能对生活怀着敏感细腻的心，都是非常幸运的事情。这是因为这样的心灵才会发现生活更多的美好，这样的心灵也才会在成长的道路上因为充满温情而变得更加强大。

结婚这么多年了，爷爷每次回家的时候，都会把右手藏在背后，这是因为他的右手里拿着一朵鲜红的玫瑰，这朵玫瑰是献给奶奶的。这样的仪式感尽管进行了一辈子，也不会让奶奶觉得厌倦，反而在这样小小的细节之中，奶奶感受了到爷爷深沉的爱。

在一起这么多年了，丈夫是开长途车的，每次丈夫从外地回到家里，妻子都会给丈夫煮一碗面。这一碗面是妻子的手擀面，汤是鸡汤或者骨头汤，里面有一个荷包蛋，还有一些蔬菜和蘑菇。当然，出锅之后，妻子没有忘记在面里洒下葱花，滴入芝麻油。这样一碗热气蒸腾的面下肚，让丈夫从胃温暖到全身。

刚刚结婚才几年的他们，总是会发生争吵。这一年，丈夫忘记了结婚纪念日，妻子就不依不饶，总是说丈夫对于他们的婚姻不够重视，对于她也不够重视。其实，丈夫只是因为最近在忙一个大项目，而在牢记结婚纪念日很久之后突然忘记了而已。后来，丈夫给妻子补送了一束花，还买了一个妻子爱吃的巧克力蛋糕，妻子感到满足，露出了幸福的笑容。

在这个三个事例中，每个人对于婚姻的理解都不一样。爷爷和奶奶作为老夫老妻是浪漫的。妻子始终牵挂着开车的丈夫，因此把对丈夫浓浓的爱与牵挂都融入到一碗面之中。而最后的新婚夫妻，则因为小小的细节而发生矛盾和争吵，其实作为丈夫完全无需解释，而只要给妻子更温馨美好的细节即可。当然，作为妻子的也要理解丈夫辛苦打拼的劳累和疲惫，而不要总是揪着生活的小细节不放。或者如果妻子追求仪式感，也可以在丈夫不注意的情况下准备好过婚礼周年的一切事物，给丈夫一个惊喜，岂不是更好吗？

在人生之中，有太多的细节值得我们用心，也有太多的细节值得我们去回味。只有一个敏感细腻的人，才能对生活始终满怀感恩，也对生活有无限的憧憬和渴望。当温情给生活营造更好的细节，当用心给予生活更多的感动瞬间时，原本平淡无奇的生活也会变得值得感动，令人珍惜。这就是我们亲手缔造的美好生活！

生活不会亏待任何人

只要你足够努力，生活从来不会亏待你，当然，前提是你足够努力，而且始终都在坚持努力。现实生活中，很多人抱怨自己的努力没有收获，实际上这不是因为命运亏待你，而是因为你的努力还不够，或者是努力的程度不够，或者是坚持的力度不够，只要你继续全力以赴去努力，总能等到生活柳暗花明又一村的美好时刻。

人生进入暮年，很多人在回顾一生的时候，或者因为自己度过了充实美好的一生而感到欣慰，或者因为自己度过了空虚无奈的一生而感到遗憾。然而，人生没有重来的机会，每个人都只有一次生命。生命从来不可以彩排，一上台，就意味着正式出演。因此，面对生活，我们每个人都要非常努力，争取一步到位把事情做好，即使不能真正做到让自己满意，也会因为拼尽全力而对生活了无遗憾。

现实生活中，常常有人会感到犹豫不定、迟疑不决，对于那些已经想好了的事情，他们也总是瞻前顾后，无法当机立断就做出决定，更无法毫不迟疑地去展开行动。殊不知，好机会转瞬即逝，在这种情况下，即使面对好的机遇，也会因为延迟而失去，根本不可能牢牢抓住机遇创造美好的生活。因此，我们一定要更加全力以赴做到更好，才能有的放矢地面对人生。

有人觉得人生是非常短暂的，也有人觉得人生是非常漫长且难熬的。实际上，人生到底是漫长还是短暂，取决于每个人对于生命不同的感受。当生命充实地度过，人生的光阴就会很短暂且容易度过。当生命总是空虚无聊和乏味，人生的光阴就会过得很慢，也会使人觉得难熬。因此，要想拥有充实精彩的人生，我们的当务之急是要确定生命的目标和伟大的梦想与志向，唯有如此，我们才能在梦想和志向的指引下努力地向前，无所畏惧地进取。否则，人生就会漫无目标，我们就会在成长的道路上迷失自我，这就如同船只在海面上漫无目的地航行，却没有领航灯的指引，终究会迷失在漫无边际的海上。

细心的朋友们会发现，在做一件事情的时候，有无明确的目标对于结果的影响非常之大。那些目标明确的人很清楚自己想要什么，这就像是去了超市直奔目标买了就走一样，效率会高很多。而没有目标的人面对瞬息万变的人生，常常觉得手足无措，这也直接导致他们在人生的道路上总是会迷失自我，也总是会失去内心的坚定不移。任何时候，我们都要先思考人生，再决定如何走好人生之路，这远远比在人生中漫无目的地摸索来得效率更高。否则，如果总是沉浸在人生的未知之中，如同陷入一个黑洞，则人生就会迷失。

在年轻的时候，想象力很丰富，我们对于人生总是有着天马行空的想象，甚至把梦想说出来的时候，还会得到身边人无情的嘲讽和否定。然而，随着时光的流转，看遍了现实的残酷，很多梦想就这样搁浅，变得干瘪。实际上，如果我们能够始终坚持梦想，也能够在人生的道路上努力奋进，绝不因为小小的挫折就受到打击，渐渐地我们的人生就会如同开挂一般，变得越来越马力充足，动力十足。

人人都渴望从生活中获得更多，然而，当内心的欲望过度膨胀的时候，我们就会陷入被动的状态之中。这是因为欲望越是无限度膨胀，我们越是会对人生感到不满足，觉得人生中得到的太少。相反，当欲望变小，我们就会对人生感到知足，即使得到同样的东西，也会获得更大的满足感，也会因为知足而对于人生充满感恩。由此一来，我们的幸福度一定会大大提高。

随着时光的流逝，你终究会发现人生的节奏变得越来越缓慢，曾经你的生命节奏如同东风吹，战鼓擂，如今你的生命节奏变得平缓。你有了更多的时间去回顾自己的人生，你对于自己曾经经历的一切终于可以沉静下心来去理解。对于人生，你突然之间就有了更加深刻的理解和感悟，也因此而变得更加执着和坚定。归根结底，要想从生命中得到馈赠，我们就要对生命怀有感恩之心。现实生活中，之所以很多人都觉得不满足，觉得人生充满坎坷和无奈，就是因为他们奢望得太多。记住，只要你坚持努力，只要你不贪心，你一定会从生活中得到你想要的一切，包括幸福，包括快乐！

普通的此刻是生命的经典

所有你在生命中觉得很普通且平凡的时刻，在经历时光的沉淀和生命的淬炼之后，终于有一天会变成你生命中的经典。这些时刻会让你觉得受到伤害，也会让你觉得人生中充满了无奈，甚至让你感受到自己陷入绝境无法自拔，但是在时光荏苒之后，这些时刻终于会成为战胜生命艰难的骄傲，让你以曾经拥有这样的艰难遭遇这样的困境为荣耀。千帆过尽，你可以满怀信心地对身边的人说："我曾经……"这个时候，曾经带给你的不是无法忍受的痛苦，而是更加坚强和伟大的力量。

如何让普通的时刻在生命时光的流转中变得熠熠闪光呢？最重要的就在于，你一定要熬过最艰难的时刻，获得更伟大的成长。在这个忙忙碌碌的世界里，每个人都在熙熙攘攘中忙碌着，总是一不小心就丢失自己。虽然依然面对着太阳东升西落，依然能够看到一轮明月挂在天边，但是我们常常有着物是人非的感慨，这或者是因为那些人和事情都已经时过境迁，或者是因为你领先成长起来了。所以面对人生，不要总是怨声载道，也不要总是叫苦连天。生活从来不是顺遂如意的，人生从来不是美好的，我们只有不断地超越苦难，战胜苦难，才能让自己的人生有更加快速的进步和成长。任何时候，我们都不要抱怨人生，也不要抱怨未来，归根结底，抱怨非但不能解决问题，反而会导致情况变得越来越糟糕。既然如此，我们就要坦然接受命运赐予的一切，这样才能在成长的过程中更加快速地奔跑。

有的时候，我们只需要换一种心境，就会发现身边的一切都改变了。例如，窗外在下着雨，瓢泼大雨之下，你的窗户玻璃都被敲打出声音。你躺在床上辗转反侧，诅咒着这场大雨耽误了你的出行，因此在一整天的时间里，你的心情都和这天气一样阴郁。如果能够转变想法，想到大雨之后空气变得清新，整个世界都变得碧空如洗，甚至你田野里的庄稼也不需要再浇水了，而是在雨水的滋养下疯狂地生长起来，你的心情是否在一瞬之间就变好了呢？这就是心态给人生带来的改变。很多时候，我们都要意识到需要改变的不是外界的人和事情，而且我们也根本无法改变外界的一切，而是要主动改变自己，就可以让一切变得与众不同。例如，在如今压力山大的生活状态中，很多人都会感到压抑和沉重，甚至因此而患上失眠。的确，失眠也属于亚健康状态的一种，很多人的睡眠状态都很差，都饱受失眠的困扰，甚至还有些人失眠的状况越来越严重。这是为什么呢？一则是因为生活给我们的压力和困扰，二则是因为我们越是失眠就越是与自己较劲，这样一来，我们必然会更加被失眠困扰。真正遭遇失眠的时候，不要强迫自己一定要睡着，何不起来看一看窗外的夜景，或者走到林荫小道上感受夜风的清凉呢？或者，还可以拿出一本平日里想看却又无法静下心来看的书，就这样努力去看，认真品味和研读，在孤独与寂静中，与作者对话，也与自己的灵魂交流。在这样的独孤自处中，在这样坦然接受失眠的状态之中，也许你很快就会感到困意来袭，安然入睡。

人活着原本就很艰难，要面对各种各样的疾病苦痛，也有可能会遭遇意外的伤害和打击，不与自己较劲，才是对自己的人生最为负责的态度。否则，让人生拧巴着，别说命运亏待你，就算命运善待你，你也会因为自己失常的心态而变得越来越被动，越来越无奈。心若安然，世界也变得安然。在人生中的很多时刻，越是感到艰难，我们越是应该抚平自己的心，让自己的心更加从容不迫，勇敢无畏，这样一来，我们才能走好属于自己的人生道路，也才能收获自己的人生与未来。

很多伟大的哲学家都提出人要活在当下，要珍惜此时的每一刻，这是很有道理的。任何时候，眼下这普通的一刻，都是我们真正能够抓住在手里的，因此不管现在是从容还是局促，亦或者是面临着看似无法逾越的困难和障碍，我们都要全力以赴经营好人生，也要心境坦然地接受和面对一切。很多成人都羡慕孩子，觉得孩子的快乐非常简单纯粹，著名的教育家蒙台梭利也说，儿童是成人的师父。这是因为很多人在成长的过程中都失去了赤子之心，也迷失在更多的欲望之中无法自拔。在这样的情况下，成人是需要向孩子学习的，唯有如此，成人才能找回赤子之心，找回纯真的快乐。

你只管努力，命运自有安排

面对人生，很多人都感到忐忑不安，生怕自己努力付出之后不会得到收获，因此在付出之前总是犹豫纠结，也无法全力以赴。也有些人害怕面对未知的未来，他们对于人生中的诸多事情都患得患失，焦虑不安，因此对于人生的渴望常常会陷入各种被动的状态，内心也会因此变得恐惧，使人生止步不前。实际上，命运总是有自己的安排，它既不会偏爱任何人，也不会亏待任何人，而是在面对诸多的人和事情的时候，保持一种微妙的平衡。例如命运在给人关上一扇门的时候，也会给人打开一扇窗，正因为如此，人们才说天无绝人之路。所以作为生命的主体，我们要做的是努力，而不要总是抱着严重的得失心，在人生的道路上既渴望得到，又害怕失去。

很多朋友爱炒股，那么就会深刻地明白一个道理：高收益总是伴随着高风险，换而言之，当你想要得到更大的收益，也必然意味着你要承受更大的风险。前段时间，理财公司生意火爆，他们承诺给予客户高额的回报，最高的甚至高达到50%。因此，很多客户在利益的吸引力面前失去了理性，根本没有认真思考这样的利益要从何而来，而是盲目地把钱存入理财公司。最终，他们不但没有获得高收益，反而在理财公司卷款潜逃之后，承受了巨大的损失。在南京，一个男性拿着高利贷去理财，结果在理财公司潜逃之后，他因为无法偿还债务而自杀，而他作为大学教授的父亲，也在卖掉房子为他偿还了部分债务之后，也选择了自杀。转瞬之间，这个原本幸福和美的三口之家里，就只剩下老母亲一个人，未来的生活状况令人担忧。

我们既要努力地改变命运，也要从容地接受命运。世界从来不是唯心的，而是唯物的，因此我们对于很多事情的改变常常心有余而力不足，根本不能做到成功地改变一切，达到我们的满意。因此在人生的道路上，我们一定要摆正心态，接受那些不能改变的，努力改变那些可以改变的，从而让人生有更好的成长和发展，也距离自己梦想中的人生越来越近。

很多人都喜欢看作家史铁生的作品，却不知道史铁生的人生传奇是在轮椅上铸就的。史铁生是一个残疾人，不但不能站立行走，必须依赖于轮椅才能行动，而且还有严重的尿毒症，经常要去医院里进行血液透析。在这样的情况下，年轻的史铁生曾经想要以自杀的方式结束生命，却被家里人救了回来，最终他决定要坚强地活着，与病魔之间进行抗争，也活出独属于自己的精彩人生。正是因为有了如此坚定不移的信念和勇敢无畏的精神，史铁生才能在人生的道路上不断地努力前行。曾经有人询问史铁生怀着怎样的心态与疾病对抗，史铁生说：“怀着敬重。”听到这样的回答，询问的人感到很纳闷：“为何是敬重？”史铁生解释道：“敬重，不是喜爱。我当然不会喜爱疾病，但是我也对疾病无可奈何。我要想活着，就必须与疾病共存，我无法杀死它，就必须强大自己，让自己不被疾病杀害。这样一来，我的命运就像是在接受锤炼，我生命也在与命运博弈的过程中变得更加强大起来。”看完史铁生这番话，你是否心中有很多的感慨呢？任何时候，都不要放弃与命运的抗争，只有全力以赴做好自己该做的事情，只有在人生的道路上砥砺前行，我们才能走过泥泞和坎坷，最终走到人生中柳暗花明的新境界。

现实生活中，没有人愿意让自己的人生波澜起伏，尤其是不想要经历那些大的风雨和泥泞坎坷，更不愿意被打击。然而，命运最终如何对待我们，和我们如何对待命运是密不可分的。当我们昂首挺胸地面对命运，我们就能战胜命运。当我们对命运缴械投降，命运就会窥探到我们的虚伪和怯懦，趁势对我们死缠烂打。看到这里，相信明智的朋友们一定知道自己应该如何去做才能战胜命运，那就是绝不向着命运屈服，而是吹响与命运抗争的号角，在命运的起起伏伏中始终坚定不移地做好自己。

记住，一个人只有拥有博大的胸怀去接纳磨难，才能有足够的能力去战胜不幸，也才能在最紧要的关头始终坚持，绝不轻易放弃。当你对命运轻易缴械投降一次，接下来的日子里，你就总是会对命运屈服，因为你已经形成了与命运相处的模式。同样的道理，当你总是昂扬面对各种不幸，也勇敢地拿起人生的武器与命运抗争，那么你就可以在命运面前形成强势的姿态，从而让自己更加无所畏惧面对命运一切的挑战和磨砺。这样的你，会成为真正的人生强者，也会成为真正的人生主宰，终会让命运对你俯首称臣。记住，你就是你的上帝，你就是你的神！

如有需要，请粉饰生活

人人都在抱怨生活的艰难，这不是因为人们的心态太过消极和悲观，也不是因为人们承受挫折和磨难的能力有限，而是因为生活的真相就是不如意，生命的本质就是一波未平一波又起。既然不如意是人生的常态，我们固然要用抱怨来发泄情绪，但不能一味地抱怨。因为抱怨归根结底没有用处，反而会导致各种问题变得更加糟糕。如果你觉得生活就像一杯苦咖啡，的确是太过苦涩和难以下咽了，不如就从现在开始，给人生加点儿糖吧。虽然生活不会因为这一点点糖而感到甜蜜，但是终究可以改善苦涩的味道，也可以让人生有不同的呈现。

作为一个普通而又平凡的人，我们没有能力去改变一切，甚至没有能力在人生中有更好的成长和发展。即使面对生活中经常会遇到的问题，我们也有可能因为能力有限而无法从容面对，在这种情况下，饱尝生活艰难的你未免会觉得心力交瘁，也会觉得内心有无穷无尽的烦恼，甚至对于生活还会失去希望和热情。为了让自己再次点燃心底里的希望，再次对生活满怀热情，如果不能改变生活的本质，为何不能粉饰生活呢？就像一个穷人住着破破烂烂的房子，对于他而言，根本没有能力去重新翻建房子，也没有办法让自己马上变得富有起来。但是，他可以买一件床品，把自己的床铺得更加漂亮，还可以选择鲜艳的颜色，让床品改变自己的心情。他还可以选择把粗茶淡饭也变化一种做法，如果有时间就粗粮细做，如果时间充裕，也可以改变一种烹调味，从而把陈年的饭菜吃出新的味道来。如果没有钱去其他地方旅行，固然风景在别处，但是也可以选择一个风和日丽的天气，去家附近的山坳里，带着孩子们采摘野花，抓小鱼小虾，甚至还可以带着简单的炊具去野餐，这不是很浪漫吗？总而言之，即使作为一个穷人，也不要失去对于生活的情趣，只要你愿意努力地改变生活，就算对生活暂时束手无策，你也可以用多样的方式让生活绽放出不同的光彩来！有的时候，生活不在于本质的改变，发现小确幸，改变小细节，就可以让自己的心情截然不同，何乐而不为呢？重要的是，我们要有用心经营生活的意识，也要有坚持精彩人生的决心！

不得不说，生活很多时候的确是面目狰狞的。当你觉得生活惨不忍睹的时候，固然必须要面对，但也可以在时间不那么急迫的情况下，选择暂时的逃避。这样一来，你在逃避的时候可以做很多自己喜欢的事情，也可以调整好心情，让自己变得更加积极乐观。当你回来的时候，你就可以变成全新的自己，也可以在诸多事情方面有不同的思路和改变。这样的人生状态，或许恰恰是你喜欢的，也是你梦寐以求的，这是命运的赐予，只有那些热情对待生活，无所畏惧面对人生的人，才有资格获得。

也有人说，生活是一面镜子，你如何面对生活，生活就如何面对你。所以不要抱怨生活对着你哭泣，因为你在面对生活的时候选择了哭脸，那么你还能奢望生活在回馈你的时候把哭脸变成笑脸吗？生活固然艰难，但是我们却要怀着平常心面对生活，也要始终努力进取，才能把生活的道路越走越宽，才能让人生绽放出与众不同的神采与光芒！

越简单，越快乐

细心的朋友们会发现，随着自己越长越大，生活越过越好，对于人生反而越来越麻木和迟钝，因此快乐和幸福的程度都大大降低了。这是为什么呢？难道幸福和快乐的感受，不应该是随着生活品质的提升越来越高的吗？实际上，这是因为我们内心的欲望越来越大，我们在人生中想要得到的东西，也越来越多。正是在这样的反差之下，我们对幸福的感知能力才会每况愈下。

实际上，每个人对于生活的需求并不像自己想象中那么高，因为他们的内心充满惶恐不安，也是因为他们的未来有着太多的未知数，所以他们才会对于人生感到迷惘，也会因为盲目地追求在生活中获得更多，而导致自己的内心惶恐。如今，有一些人对于生命有了更多的感悟，因此希望自己可以把对生活的要求降低，把一切都更加简化。正是在这样的情况下，他们降低自己的欲望，减少自己的奢求，把生活过得极简。这样一来，他们反而得到了快乐。

当人过多地关注外界，就会对内心有些忽略，所以为了更多地与自己相处，与自己沟通和交流，我们应该舍弃追求那些人生中不切实际的东西，也要坚守自己的本心，这样才能更多地关注和忠诚于自己的心灵，也才能获得长足的成长和发展。否则，当我们在所谓的金钱、物质和名利中迷失，就会导致自己的内心失去方向，也会使得人生如同在大海上航行，最终会迷失自我，不知所踪。

在琐碎的现实生活中，总是隐藏着一些小确幸，这些小确幸需要幸福敏感的心灵去感受，如果过于粗糙和麻木，是很难捕捉到这些微小幸福的。然而，偏偏这些幸福与我们的人生密切相关，任何时候，我们都不要麻木地对待这些事情，而是要更加充满温情，也要全力以赴做好自己该做的事情，感受生活的幸福与美好。

大名鼎鼎的雕塑家罗丹曾经说过，这个世界上并不缺少美，只是缺少发现美的眼睛。我们也要说，这个世界上并不缺少快乐，而是缺少感受快乐的心灵。当我们能够切实地从生活中感受到快乐，能够在各种美好的事情中感悟生命的真谛，这样的人生才会更加充实美好，也才能做到不枉此生。

当欲望充满了你的心灵，记得一定要把欲望清除掉，只要能够满足基本的生活所需就好。否则，如果我们总是被欲望裹挟着在人生的道路上往前走，则渐渐地就是用欲望把心填满。人的心就像是一个容器，不可能永无止境地装下任何东西，而是有限度的。因此，我们要把有限的心灵空间用来做更多的事情，感受生命的真谛和幸福，这样的人生才是真正有意义的，也才会给我们更加精彩的未来。

记住，你的生活未必要达到你所期望的高度，也未必需要达到你所期望的高度。在人生的短暂历程中，与其为了追求那些身外之物而让自己变得迷惘，不如提升和净化自己的心灵，让自己能够更加全力以赴做好该做的事情，这才是最重要的。还有的时候，我们会因为对人生苛责太多，而导致幸福感降低，意识到这个问题后，你就要学会降低对生命的要求，也要学会减小自己的欲望。唯有如此，你才能更多地关注自己的心灵，也才能在成长的道路上始终不忘初心，砥砺前行。

记住，生活固然要波澜壮阔，却也要小桥流水。如果总是因为人生中遭遇的各种困顿就对人生彻底放弃希望，那么这样的人生注定只能失败。只有心底怀着小小的希望，让自己在面对任何境遇时都非常坚持，我们才能守得云开见月明，走到人生中更为广阔的天地中，拥有更为精彩和充实的人生！任何时候，都不要抱怨，你抱怨生活，生活只会回报给你哭脸。真正能够得到生活馈赠的人，是始终笑着面对生活的人，他们感恩生命中出现的一切，也对于身边的人和事情怀着莫大的善意。他们非常用心地去面对生活，获得生活的快乐，感受生活的欣喜，也在生活的喜怒哀乐中坦然做最好的自己！

参考文献

[1]摩西奶奶.人生只有一次，去做自己喜欢的事[M].北京：北京联合出版有限责任公司，2017.

[2]罗金.你必须精力饱满，才能出手不凡[M].北京：台海出版社，2018.

[3]王艳.经历难熬的时光，你终会发光发亮[M].北京：中国纺织出版社，2018.